Ganzheitliche Projektentwicklung im Wohnungsbau
Lebenswelten – eine Unternehmensstrategie

Reiner Götzen

Ganzheitliche Projektentwicklung im Wohnungsbau

Lebenswelten – eine Unternehmensstrategie

Herausgegeben vom Institut für Lebenswelten

DOM
publishers

Es wurde umso spannender, je konsequenter wir uns damit beschäftigten.

Die Idee für dieses Buch wurde im Frühjahr 2006 in einer kleinen Ski-hütte im Stubaital geboren, als die Führungscrew von INTERBODEN eine Zehnjahresstrategie für das Unternehmen erarbeitete. Das Thema der »Lebenswelten« hat in der zurückliegenden Dekade einen ganz beson-deren Stellenwert für die Entwicklung unseres Unternehmens bekom-men. Es wurde umso spannender, je länger und je konsequenter wir uns damit beschäftigten.

Wir sind von seinem Potenzial so überzeugt, dass wir dazu ein eigen-ständiges »ILW Institut für Lebenswelten« gegründet haben. Dieses Buch will die bisher gewonnenen Erfahrungen zusammenfassen und versteht sich gleichzeitig als Ausgangspunkt für die weitere Arbeit so-wohl des Instituts als auch unseres Unternehmens.

Es wendet sich in erster Linie an Bauunternehmer, Projektentwick-ler und Bauträger, Planer und Architekten mit ganzheitlichem Ansatz, aber auch an Städte, Kommunen, Behörden und Ämter. Es will darüber hinaus den interessierten Bewohner ansprechen und bei ihm Verständ-nis wecken für die Komplexität der Entstehung eines Wohnungsbau-Projekts.

Ich habe dieses Buch aus der Sicht eines Architekten geschrieben, der ich von Haus aus bin. Eines Architekten jedoch, der sich schon immer für soziale Fragen ebenso interessiert hat wie für ästhetisch-formale Belange. Meine Frau und meine Kinder sowie die Mitarbeiter unseres Unternehmens haben gemeinsam mit mir erfahren und gelernt, wie ich vom reinen Architekten allmählich zum Projektentwickler wurde, dem die soziale, formale und wirtschaftliche Ausgewogenheit stets ein großes Anliegen war und ist.

Den Begriff »Lebenswelten« haben wir Mitte der Neunzigerjahre für uns als wichtig erkannt und markenrechtlich schützen lassen. Es wurde uns bewusst, dass wir mit unseren Entwürfen als Architekten nicht nur die einzelne Wohnung im Auge haben dürfen, sondern stets auch deren Umgebung. Hieraus haben sich die Qualitäten unserer Projekte definiert, ohne dass wir uns dessen richtig bewusst waren. Es sind Qualitäten, die besonders bei den Bewohnern auf gute Resonanz gestoßen sind.

Ich habe in den letzten Jahren erfahren, dass gute inhaltliche Arbeit auch eine entsprechende Kommunikation auf allen Ebenen erfordert. Damit meine ich nicht nur die Werbung in der Zeitung, im Internet oder auf dem Bauschild, sondern vor allem eine inhaltlich gelungene Kom-munikation mit unseren Kunden.

Wir haben erkannt, dass wir nicht nur die Bewohner, Mieter oder Eigen-tümer unserer Wohnbauprojekte als unsere Kunden betrachten dür-fen, sondern auch die privaten und institutionellen Kapitalanleger, die Kleinen wie die Großen. Gerade Letztere haben in den vergangenen zwei bis drei Jahren verstärkt nachvollzogen, dass qualitativ hochwertige Neubau-Wohnimmobilien in zukunftssicheren Lagen eine hervorra-gende Ergänzung umfassender Immobilien-Portfolios darstellen: Ihren niedrigeren Anfangsrenditen steht der Vorteil eines deutlich gerin-geren Ausfallrisikos und einer ungleich sichereren langfristigen Durch-schnittsrendite gegenüber.

Aus dem Zusammenspiel dieser Faktoren wächst ein »authentisches Marketing« heran, das sich zu einer umfassenden und langfristigen Unternehmensstrategie entwickelt. Es hat sich ein »Branding« heraus-gebildet: »Lebenswelten« als eine eigenständige Marke.

Kreative Ideen wachsen
an kreativen Orten: In einer
Skihütte im Stubaital
entstand die Idee für
dieses Buch.

Doch soviel sei vorausgeschickt: Es reicht nicht, »Lebenswelten« als rein ökonomische Methodik zu verstehen. »Lebenswelten« zu bauen, zu kreieren, bedeutet nicht automatisch, als Projektentwickler beziehungsweise als Verpacker einer intelligenten, wohlklingenden Marketing-Story das große Geld zu verdienen.

Ursprünglich wollte ich nur über »Lebenswelten« schreiben, über ihre Bausteine und deren Zusammensetzung sowie die Mehrwerte, die sich daraus ergeben können. Während der Bearbeitungszeit habe ich jedoch gemerkt, dass ich eigentlich über unsere Unternehmensstrategie berichte, und dass »Lebenswelten« das Mittel zur Umsetzung dieser Unternehmensstrategie sind.

Wir haben in den vergangenen Jahren unser gesamtes Unternehmen strategisch konsequent darauf ausgerichtet. Dazu haben wir alle Unternehmensbereiche unter dem Dach der »Lebenswelten«-Entwicklung miteinander verbunden und aufeinander abgestimmt: Planungsbüro, Projektentwicklung und Bauträger, Vertrieb, Verwaltung sowie die neue Service-Gesellschaft. Als letzter Baustein in dieser Entwicklungs-Chronologie ist das der Firmengruppe vorgelagerte »ILW Institut für Lebenswelten« entstanden, unser Think Tank für Forschung und Entwicklung.

Die Unternehmensstrategie erlaubt eine ganzheitliche Projektentwicklung, die das gesamte Dienstleistungsspektrum umfasst. Doch selbstverständlich sind auch alternative Kombinationen von Unternehmensbereichen mit anderen Schwerpunkten möglich.

Ich habe dieses Buch geschrieben mit dem Wissen, dass alle ideellen Werte und Vorstellungen, die in konkrete Materie umgesetzt werden sollen, wirtschaftlich machbar sein müssen – entweder aus sich selbst heraus oder durch fremde Hilfe, Subventionen oder karitative Unterstützung. Aber ich habe dieses Buch auch mit der Erfahrung geschrieben, dass vieles wirtschaftlich realisierbar wird, wenn man es nur wirklich will. Hier hat der Inhaber eines privat geführten Familienunternehmens hervorragende Chancen, denn er denkt, plant und realisiert langfristig. Eine »Lebenswelten«-Entwicklung in ein bis zwei Jahren umzusetzen, wäre kaum möglich gewesen. Es braucht den Glauben, den Willen, die Überzeugung und den Mut für ein solches Vorhaben.

Wir haben als Unternehmen erfahren dürfen, dass die »Lebenswelt«-Bausteine von unseren Kunden, den Menschen in unseren Projekten, als echte emotionale Mehrwerte erlebt wurden: »Lebenswelten« sind lebenswert. Diese Mehrwerte unserer Kunden spiegelten sich am Ende als Mehrwerte für unser Unternehmen, aber auch für unsere Kapitalanleger wider. So gesehen ein Win-win-Spiel, mit dem wir uns neue Möglichkeiten erschlossen haben, auch für erweiterte »Lebenswelt«-Angebote.

Es wäre erfreulich, wenn durch dieses Buch ein reger Dialog mit dem Autor zustande käme, um weitere Anregungen für die »Lebenswelten« der nahen Zukunft zu gewinnen.

1

Lebenswelten und ihre Bausteine

Lebenswelten erzählen ihre eigenen Geschichten. Geschichten des Ortes, der Berge, der Häfen, der un- endlichen Weite, der Arbeit; je nach ihrer geografischen Lage. Sie haben ihre eigenen Mythen und Legenden.

1.1
Wie unterschiedliche Lebenswelten entstehen

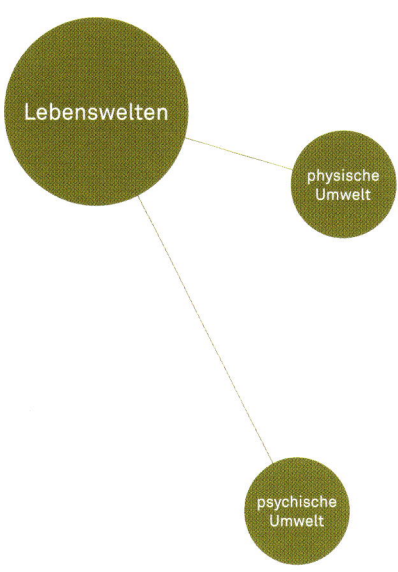

Lebenswelten –
objektive Gestalt und
subjektive Wahrnehmung

Unterschiedliche Lebenswelten
in der postindustriellen Gesellschaft

Lebenswelten. Ein doppeldeutiger Begriff: Er beschreibt die Welt, in der wir leben – und die Welt, die wir erleben. Die Welten, in denen wir wohnen, arbeiten, spielen, lernen, einkaufen, Erholung suchen. Unsere physische Umwelt. Landschaften und gebaute Welten. Gestaltete Welten.

Aber auch: die Welt, wie wir sie individuell erleben, in der Wahrnehmung unserer jeweiligen soziokulturellen Prägung. Die psychische Umwelt. Die Welt der Wahrnehmung.

Lebenswelten entwickeln sich um ein »Thema«, eine Nutzung: etwa die vielfältigen Varianten der Arbeitswelten wie zum Beispiel in der Verwaltung mit traditionellen Zellen-, Kombi- und Großraumbüros oder in der Produktion mit den langen Shedhallen, mehrgeschossigen backsteinernen Fabrikationsgebäuden, den gläsernen Zukunftswerkstätten. Aber auch die Wohnwelten, die den vielen unterschiedlichen Wohn- und Lebensformen gerecht werden wollen. Ferner die Erlebniswelten für Freizeit und Erholung, beispielhaft die in sich geschlossenen Ferienressorts mit ihrem breiten Unterhaltungs- und Freizeitangebot und eigenen Architekturen. Schließlich der Handel, der stets neue Verkaufswelten schafft, die sich mit ihren Verführungskünsten den Erlebniswelten immer weiter annähern. Im Folgenden soll es jedoch um eine Betrachtung der Wohnwelten gehen.

Lebenswelten haben eine »Mitte«, einen Kern, der ihre Besonderheit ausmacht: die Armut der Bergbauern und ihren Glauben, der sich in der kleinen Kapelle manifestiert; der Reichtum der Häfen mit ihren stolzen Kontorgebäuden und riesigen Speichern; die Isoliertheit der Oase mit ihrem Leben spendenden Wasserbrunnen und den Schatten werfenden Palmen; die Arbeiterkolonie im Ruhrgebiet mit ihrer Wandlung zur gartenstädtischen Werkssiedlung.

Lebenswelten erzählen ihre eigenen Geschichten. Geschichten des Ortes, der Berge, der Häfen, der unendlichen Weite, der Arbeit; je nach ihrer geografischen Lage. Sie haben ihre eigenen Mythen und Legenden.

Lebenswelten sondern sich ab, haben ihre Grenzen und Ränder, ihr Innen und ihr Außen: Die steilen, entlegenen Berghänge mit ihren in Abgeschiedenheit lebenden Bewohnern; die Offenheit für Fremde an den Wasserstraßen der Welt; eine Wüste, in der die Oase zum Lebensmittelpunkt einer kleinen Gemeinschaft wird; die Arbeitersiedlung neben der Fabrik. Sie alle haben ihre eigenen Strukturen, ihr inneres Gefüge, gebaut und gelebt, durch Gebäude und deren Architekturen, mit Straßen, Blocks und Quartieren, erlebbar durch jeden einzelnen Bewohner in diesem Ort, aber auch von und durch die Gemeinschaft. Es ist diese Wechselwirkung, die Lebenswelten ausmacht, nicht allein ihre physische Gestalt, die Architektur und Manifestation der Steine, sondern deren Zusammenwirken mit den alltäglichen und besonderen Lebensabläufen, dem Feiern von Festen ebenso wie dem Wohnen und Arbeiten, dem Gebrauch und dem täglichen Nutzen der gebauten Umwelt, den Schutzfunktionen wie auch dem Erleben in eigens dafür geschaffenen Räumen. Bürger haben ihre eigenen Welten gebaut, ihre eigenen Häuser, und sie haben die Dominanz des Rathauses, des Schlosses und der Kirche akzeptiert als Struktur ihrer Lebenswelt.

In Lebenswelten verdichten sich diese Strukturen zu einem Charakter, zu Ambiente und Flair, zu emotionalen persönlichen Bindungen. Sie haben ihre eigene Seele – und eine große menschliche Stärke.

1.2

Gestalt- und Wahrnehmungselemente von Lebenswelten

Lebenswelten setzen sich aus den unterschiedlichsten Elementen und Determinanten zusammen. Nennen wir sie in der Sprache des Bauens einfach »Bausteine«. Aus deren spezifischem Zusammenspiel sind Eigenständigkeit und Unverwechselbarkeit erwachsen. Mögen sich die Elemente gleichen und wiederholen – in ihrem jeweiligen lokalen und regionalen Wirkungsgeflecht erschaffen sie immer wieder unterschiedliche Quartiere und Nachbarschaften, Mikro- und Makrokosmen.

Wollen wir diese Orte verstehen oder gar neue schaffen, so können wir deren Wirkungsweise nur durch vereinfachende Bilder des Zusammenwirkens dieser Bausteine beschreiben. Wir müssen ihre schier unendliche Zahl beschränken auf eine subjektive Auswahl jener Bausteine, die dem Betrachter am wichtigsten erscheinen. Eine solche Auswahl ist jedoch individuell und fällt von Ort zu Ort anders aus. So schlagen wir solche Bausteine vor, die uns helfen können, vorhandene Lebenswelten besser zu verstehen und neue Lebenswelten einfacher zusammenzusetzen: der Genius Loci, der an einem Ort vorherrschende Geist, auch in seiner materiellen Ausprägung; die Gestalt der Stadt, die Architektur der Gebäude; die Beschaffenheit von Landschaft und Natur; der Umgang mit Kunst und Licht; die Ökonomie in Form von Bezahlbarkeit und Wirtschaftlichkeit der Bausteine; die Ökologie mit der Forderung nach Nachhaltigkeit; Komfort und Service; die sozialen Bindungen der Menschen untereinander, aber auch mit ihrer gebauten Umwelt – und nicht zuletzt undefinierte, freie Bausteine für Innovation, kreativen Freiraum und Überraschungselemente.

Lebenswelten ergeben sich aus dem Zusammenwirken unterschiedlicher Elemente und Determinanten, die hier als Bausteine bezeichnet werden sollen. Die vereinfachte Darstellung einer subjektiven Auswahl jeweils prägender Bausteine hilft zu verstehen, wie eine bestimmte Lebenswelt aufgebaut ist und funktioniert. Mögen sich die Elemente gleichen und wiederholen – in ihrem jeweiligen lokalen und regionalen Wirkungsgeflecht erschaffen sie immer wieder unterschiedliche Quartiere und Nachbarschaften, Mikro- und Makrokosmen.

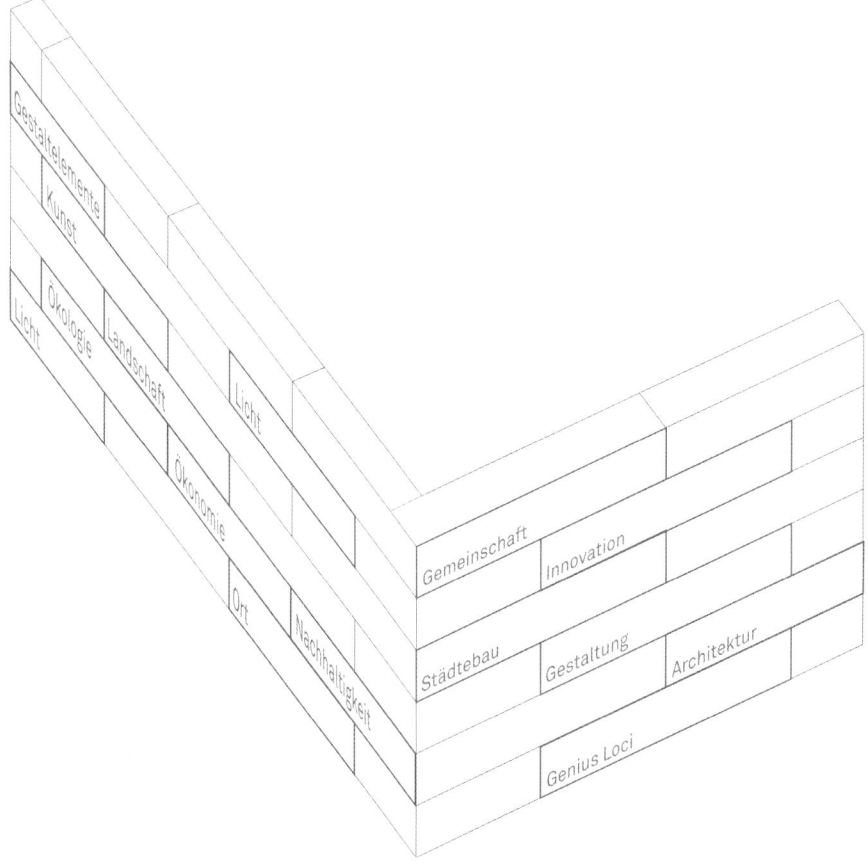

So subjektiv bereits die Auswahl der Lebenswelten-Bausteine ist, so unterschiedlich sind deren Wahrnehmungen und Bedeutungen auf individueller Ebene. Selbst identische Lebenswelten werden von den Einzelnen unterschiedlich wahrgenommen vor dem Hintergrund der persönlichen Wahrnehmungselemente:

Je nach Herkunft unterscheiden sich die sozialen, kulturellen und religiösen Werte und Grundeinstellungen; die Empfindungsweisen von Mann und Frau unterscheiden sich ebenso wie die von Groß- und Kleinstadtbewohnern, von Singles oder Mitgliedern einer vielköpfigen Familie, von Jung oder Alt. Daher unterliegt auch die jeweils unterschiedliche Bedeutung von Gemeinschaft und Individualität, Emotion, Identifikation und Repräsentation, aber auch Ästhetik und Schönheit für die verschiedenen Gruppen einer solchen Differenzierung.

Man könnte es so formulieren: Menschen mit verschiedenen Hintergründen betrachten und erleben ihr Umfeld auf jeweils eigene Weise: ein Bäcker anders als ein Musiker, ein Christ anders als ein Muslim, ein Europäer anders als ein Asiat.

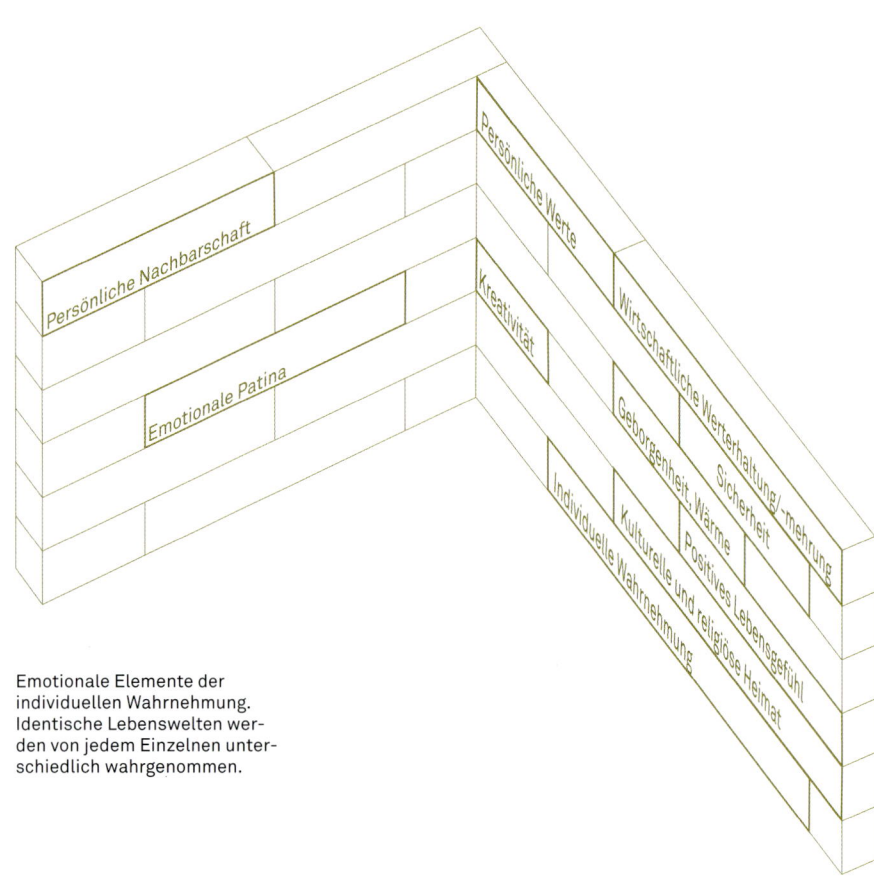

Emotionale Elemente der individuellen Wahrnehmung. Identische Lebenswelten werden von jedem Einzelnen unterschiedlich wahrgenommen.

Doch erst in der Überlagerung dieser beiden Betrachtungsebenen, in der Verflechtung der »materiellen Bausteine und Gestaltelemente« mit den Elementen der individuellen Wahrnehmung, entsteht eine Umgebung, in der sich der Einzelne wiederfindet und eine Stadt als seine Stadt, ein Quartier als sein Quartier, eine Nachbarschaft als seine Nachbarschaft bezeichnet. Diese individuelle Wahrnehmung ist geprägt durch eine eigene Geschichte, durch Gewohnheiten und Traditionen, durch regionale klimatische, topografische und geografische, ökonomische, kulturelle und religiöse Besonderheiten, die in ihren jeweiligen unterschiedlichen Ausprägungen zu gänzlich spezifischen Lebensbedingungen, Lebensstilen und Lebensformen führen.

Lebenswelten verflechten die subjektiven (emotionalen) und objektiven (realen) Betrachtungsebenen miteinander. Sie integrieren persönliche Präferenzen und außenräumliche Faktoren.

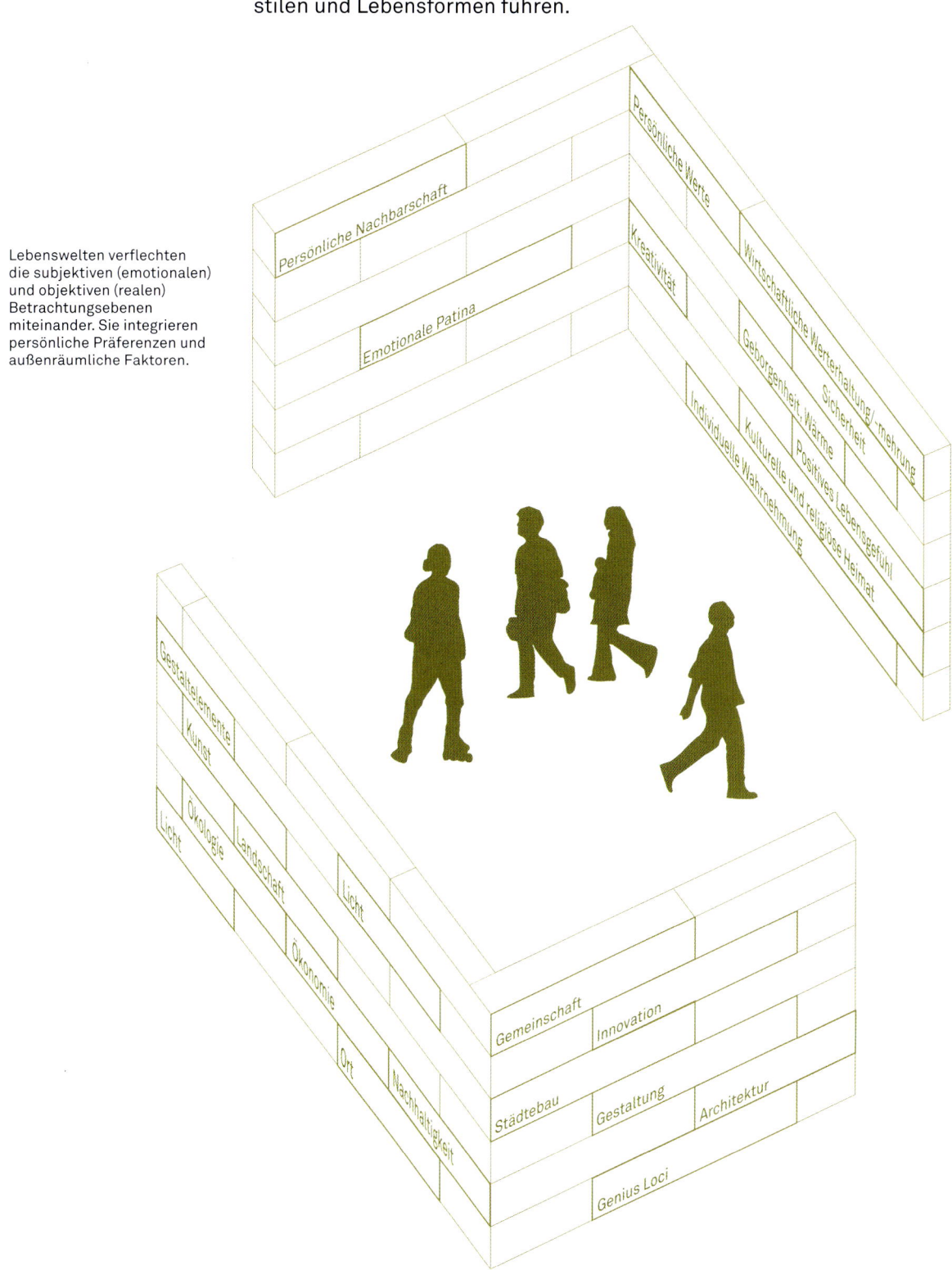

17

Es entstehen Lebenswelten: konkreter Ort meines Seins, meines Lebens; konkreter Raum für Zeit und Erleben, für Wohnen und Arbeiten, für mein Haus und meine Werkstätte; für die gewollte oder gefürchtete menschliche Begegnung, meine Sozialisation. Hier will ich zu Hause sein. Früher sagte man: meine Heimat finden, meinen Anker werfen. Hier finde ich die Mischung von menschlichen Begegnungen, die mir entspricht, an die ich mich gewöhnt habe, die mir lieb geworden ist im Laufe der Zeit, die den Rahmen des kommunikativen Handelns[1] bildet.

Bestimmte Lebenswelten sind prädestiniert für bestimmte Nutzer; also ausgeprägte Zielgruppen, die sich ausgerechnet hier wohlfühlen und deshalb auch oftmals länger verharren. Sie sind angekommen an einem Ort ihrer emotionalen Entsprechung. Sie haben Elemente gefunden, die ihnen vertraut sind, die sie lieben und nicht missen wollen. Mit ihnen identifizieren sie sich, an sie binden sie sich emotional.

Neuere Markt- und Standortanalysen (vgl. Sociovision, Hettenbach) versuchen, in einer Vereinfachung dieser komplexen Zusammenhänge Zielgruppen-Cluster gemäß sozialer Schichtung, Beruf und Einkommen, Ausbildung und Kreativität, Modernität und Traditionsmustern aufzustellen. Sie koppeln diese Cluster mit empirisch untersuchten Vorlieben, Neigungen, Moden und Trends dieser Zielgruppen, die möglichst genau zum untersuchten Standort passen sollen.

Dafür werden vier Variablen zueinander in Beziehung gestellt:

1. Wertvorstellungen aus Tradition, Gegenwart und Zukunft
2. Zugehörigkeit zu geringem, mittlerem oder hohem sozioökonomischen Status
3. Soziale Bedürfnisse zwischen Ich- und Wir-Gefühl (Familie/Freunde) sowie dem Streben nach Haben, Sein oder Nutzen
4. Präferenzbestimmung der Verfügbarkeit von Geld oder Zeit; daraus resultierend Priorisierung von Kosteneinsparung durch Discountangebote beziehungsweise dem Bedürfnis von Komfort durch Service

Dieses Zielgruppenschema kann präzisiert werden durch die Korrelation mit wichtigen Identifikationsobjekten dieser Gruppen, wie zum Beispiel Autos, Kleidung, Ausstattung der Wohnräume etc.

Das Verständnis dieser Zielgruppenbestimmungen kann helfen, diese Vorgaben auf in sich zusammenhängende Ganzheiten auszurichten, in denen die Gestaltelemente, die materiellen Bausteine zusammenspielen mit den vermuteten Wünschen der späteren Nutzer, der Bewohner und dort lebenden und handelnden Personen.

Auf diese Weise sollen möglichst marktgerechte »Produkte« für den Standort beschrieben, entwickelt und realisiert werden. Inwieweit daraus eine unmittelbare Ableitung von Bauelementen erfolgen kann, zum Beispiel die Ausgestaltung von Fassaden, Grundrissen, Ausstattung etc., bleibt eine individuelle unternehmerische Entscheidung.

Lebenswelten sind handlungs- und ergebnisoffene Systeme, die nicht eindeutig und endgültig definiert werden. Elemente wie Innovation und Freiraum – Freiraum für neue Wege und Versuche – brauchen die Kreativität, das Offensein für ungeebnete, aber spannende Pfade. Sie sind unzweifelhaft verbunden mit Unsicherheiten und mit Wagnis – aber eben auch mit neuen Chancen abseits der ausgetretenen Bahnen. »Mut zum kreativen Sprung« kann zu begehrten, weil wenig vorhandenen

Erlebnisfeldern führen – sowohl auf der Seite des Entwicklers solcher Lebenswelten wie auf der Seite der späteren Nutzer, die sich solche Angebote wünschen und darauf erst gestoßen werden müssen oder schon darauf gewartet haben.

Es gehört zum wesentlichen Verständnis von Lebenswelten, dass ihre Entwicklungen niemals fest abgeschlossen sind. Sie werden sich durch Gebrauch, Abnutzung, Verschleiß und Erneuerung immer weiter entwickeln. Es eröffnet ungeahnte Chancen, wenn wir diese Veränderungen zulassen, wo dies sinnvoll erscheint – und eindämmen, wo sie der Gemeinschaft der Betroffenen eher schaden als nützen. Im Einzelfall ist die Abwägung zwischen diesen beiden Richtungen durchaus schwierig und kritisch. Lebenswelten sind in ihrem Ansatz offener als Trends, als ideologisierte städtebauliche Planungsansätze, deren gestaltende Bausteine eher begrenzt sind, weil die Ausgangsperspektive oftmals verengt vorgegeben ist und der ganzheitliche, langfristige Betrachtungshorizont nicht ausreichend berücksichtigt wird. Es ist ein »organisches« Verständnis von Lebenswelten, das der Entwicklung komplexer Zusammenhänge der Selbstorganisation Raum und Zeit einräumt und sich damit am Zyklus des Lebens selbst orientiert.

Zielgruppen werden in der Überlagerung von Wertvorstellungen, Status, sozialen Bedürfnissen und Verfügbarkeiten über Zeit und Geld beschrieben.
(nach Sociovision/Hettenbach)

	Wir	Familie/ Freunde	Ich
Bedürfnisse:	**Haben**	**Sein**	**Nutzen**
hoher Status	classic elegance noblesse	country authentic genuine	metropolitan pure avantgarde
mittlerer Status	tradition rustic	easy family harmony	experiment student combination
geringer Status	religion nostalgic	economy consumption	used & mixed conglomerate
Werte:	**Tradition**	**Gegenwart**	**Zukunft**

Discount ← → Service
Money ← → Time

agieren / bewahren / reagieren

1 Habermas, Jürgen: Theorie des kommunikativen Handelns, Frankfurt am Main 1991.

Emotion

traditionelle Werte	bürgerliche Werte	innovative Werte	
■	☐	☐	hoher Status
☐	☐	☐	mittlerer Status
☐	☐	☐	geringer Status

Classic

traditionelle Werte	bürgerliche Werte	innovative Werte	
☐	☐	☐	hoher Status
☐	■	☐	mittlerer Status
☐	☐	☐	geringer Status

Innovation

traditionelle Werte	bürgerliche Werte	innovative Werte	
☐	☐	■	hoher Status
☐	☐	☐	mittlerer Status
☐	☐	☐	geringer Status

Gestaltungsausprägungen
EINER Wohnung gemäß dreier
Zielgruppen

traditionelle Werte | bürgerliche Werte | innovative Werte | hoher Status / mittlerer Status / geringer Status

traditionelle Werte | bürgerliche Werte | innovative Werte | hoher Status / mittlerer Status / geringer Status

Cluster von Gestaltelementen werden aus einer Zielgruppenbestimmung »abgeleitet«.
(nach Sociovision/Hettenbach)

Classic/Tradition

Fassaden
→ zurückhaltender, edler
→ Metallelemente
→ weiße Gliederung
→ detaillierter/Erker, Gauben etc.

Grundrisse
→ distanzierter/edel
→ repräsentativ
→ praktische Stauräume
→ abgeschlossene Zimmer/Küche

Ausstattung
→ hochwertig
→ dezent, technisch, medial
→ eher Sicherheitsaspekte

Garten/Garage
→ Ruhebedürfnis, »für sich sein«
→ Ziergarten
→ massive Trennung zum Nachbarn
→ Garage/kein Doppelparker

Country/Easy

Fassaden
→ kräftige Farben, rustikaler
→ Neu mit Alt möglich
→ Holz
→ klare Linien, individuell, authentisch

Grundrisse
→ offen
→ kommunikativ
→ unkomplizierte Gäste und Feste
→ großer Koch-/Essbereich

Ausstattung
→ ausgefallen
→ ökologischer
→ energie-/ressourcensparend
→ weniger Sicherheitsaspekte

Garten/Garage
→ Gemeinschaft
→ naturnah
→ offener, weiträumiger
→ Carport etc. ausreichend

1.3
Wohnen und sozialer Wandel

Längst haben wir die Lebenswege mit den drei Standard-Lebensphasen verlassen: Kindheit im Haus der Eltern, die Schule gleich nebenan; Beruf und Familie im eigenen Haus; eine relativ kurze Zeit der Rente. Ein solch linearer Lebenslauf spiegelt die bis in die Fünfziger- und Sechzigerjahre des 20. Jahrhunderts vorherrschenden Lebensmodelle wider.

Seither sind die Bindungen brüchiger geworden. Räumliche und wirtschaftliche Unabhängigkeit fordert und fördert die individuelle Selbstständigkeit. Der Erstfamilie folgt die Romantik einer neuen Beziehung, eventuell mit einer zweiten Kinderfolge. Das Alter gibt häufig Anlass, erneut über einen Partnerwechsel nachzudenken.

Lebenszyklen mit der Entwicklung der Familiengrößen
(nach Matthias Horx)

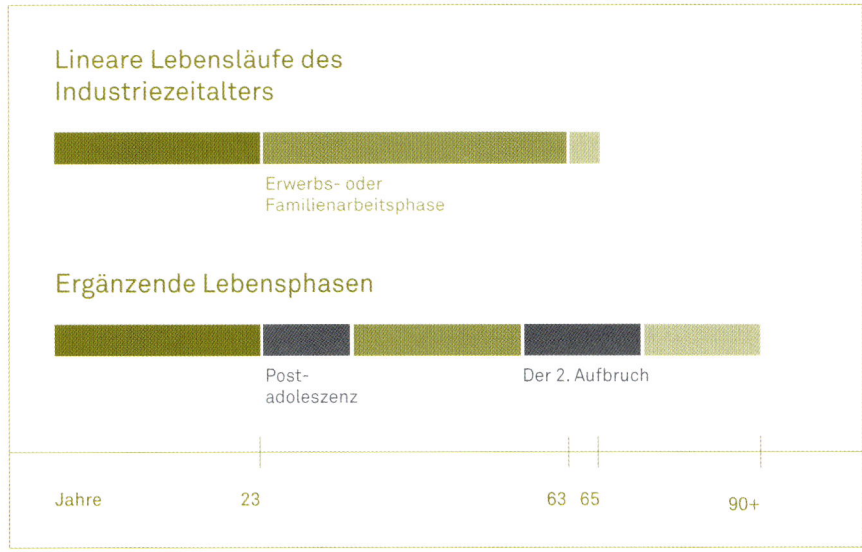

Lebenszyklen und Beziehungsschleifen
(nach Matthias Horx)

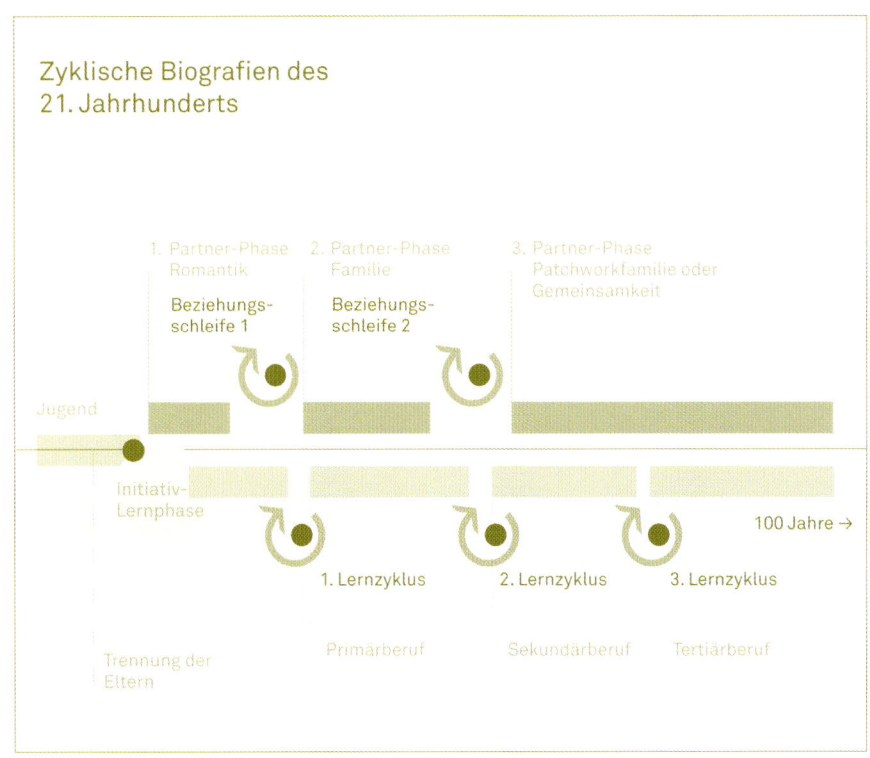

23

Dem entspricht die Entwicklung der Familienkonstellationen. Anfang des vergangenen Jahrhunderts stand noch die Großfamilie im Vordergrund: War der Vater ganztägig berufstätig, sorgte die Mutter zu Hause – als so genannte grüne Witwe – für die drei Kinder.

1900

Um 1900: Es dominiert eindeutig die Großfamilie. (nach Matthias Horx)

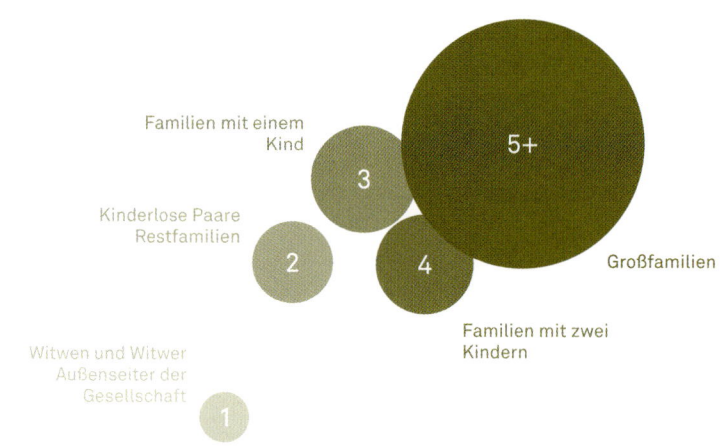

In den Wohlstandsjahren der Nachkriegszeit schob sich die dreiköpfige Familie nach vorn. Durch die Verluste im Krieg war die Zahl der verwitweten und alleinstehenden Frauen sprunghaft gestiegen.

1961

Um 1961: Es dominiert die dreiköpfige Kleinfamilie. (nach Matthias Horx)

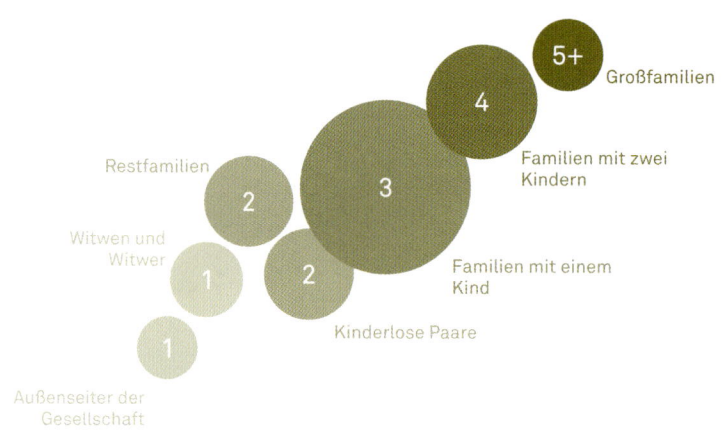

Die geregelte Familienidylle der Vergangenheit ist heute dem vielfältigen Lebenslauf der Zufälle gewichen, der Unvorhersehbarkeit und Einzigartigkeit unterschiedlichster Lebensentwürfe. Umfassende Ausbildung und wirtschaftliche Absicherung bringen dem Mann, aber auch der Frau größtmögliche Unabhängigkeit für ein individuell gesteuertes Leben, das sehr auf sich selbst bezogen ist. Die persönliche und berufliche Freiheit wird ausgelebt, ohne den Zwang zur Bindung an die Familie, an das einmal festgelegte Zuhause, die gebaute und personelle Umgebung.

»New Family – Elternreiche Kinder, nicht kinderreiche Eltern« – so der Buchtitel zum Thema Patchworkfamilie.[2] Wie gültig ist ein solches Credo für die Zukunft?

2010

Heute und in naher Zukunft: Es gibt viele unterschiedliche Lebensformen nebeneinander. (nach Matthias Horx)

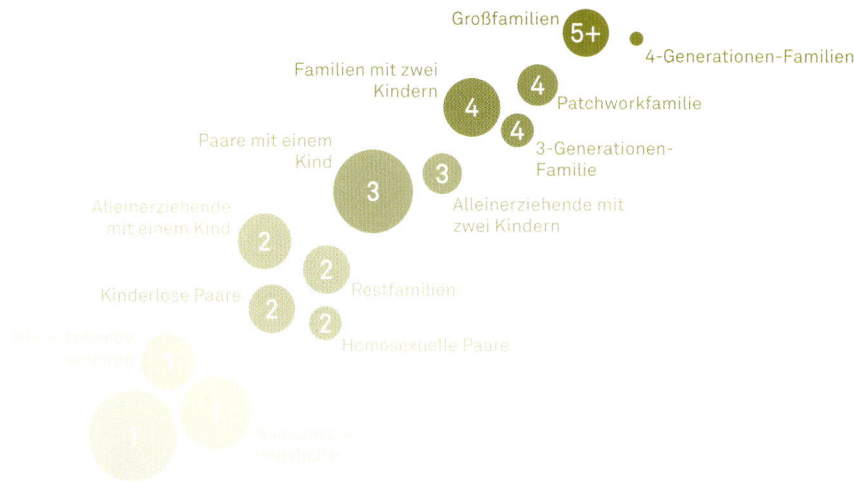

Verfolgen wir exemplarisch zwei völlig auseinanderdriftende Lebensläufe und deren Auswirkungen auf die jeweiligen Wohnformen: Der Gymnasiast geht in die Schreinerlehre, wird Banker, Elektriker oder Installateur und schließt seiner handwerklichen Berufsausbildung einen MBA an. Er bleibt lange Gast im »Hotel Mama« und spart auf sein erstes Eigenheim für die Familie.

Dagegen erhält sein Schulfreund vom Vater eine Wohnung im Studienort zur Verfügung gestellt (seine zweite Wohnung). Er absolviert eine lange Ausbildung und durchlebt viele Beziehungen. Er erwirbt eine Eigentumswohnung als Sprungbrett für die Zukunft (seine dritte Wohnung). Eine feste Bindung geht er aus Unsicherheit vor der Zukunft nicht ein. Außerdem lebt es sich ohne Kinder besser. Schließlich kommt es zu einer späten Heirat, seinen Kindern ist er ein in die Jahre gekommener Vater. Jetzt kauft er das eigene Haus (die vierte Wohnung). Die Trennung vom Partner folgt gleichwohl nur wenige Jahre später, ein neues Glück hat sich gefunden. Neubeginn. Dem Verkauf des Eigenheims am alten Ort folgt der Erwerb einer kleinen Eigentumswohnung im neuen Ort, mit neuem Lebensabschnittspartner (die fünfte Wohnung). Stellt sich doch wieder Wohlstand ein, reicht es für das neue Eigenheim mit dem Spätgeborenen (die sechste Wohnung). Ein letzter Umzug im Alter führt in ein zentral gelegenes Penthouse in der Stadt (die siebte Wohnung). Es gibt diese Geschichte in tausend Varianten – und ebenso viele verschiedene Wohnformen und Wohnstile. Alles gleichzeitig und nebeneinander, ganz bestimmt sortiert nach sozialer Schichtung und Milieu. Doch nicht nur die Lebensläufe sind mobil geworden, sondern auch die Immobilien. Man muss eine Wohnung nicht kaufen, man freut sich über neue Wohnumfelder; es reicht, wenn man mietet. Man behält seine Freiheit für Hobbys, Freizeit und Konsum: Besitz statt Eigentum.

Aber: Wir suchen Wohnumfelder, die uns entsprechen, die uns anziehen und in denen wir uns schon nach kurzer Zeit zu Hause fühlen.

2 Ott, Ursula; Pape, Matthias: New Family. Elternreiche Kinder, nicht kinderreiche Eltern sind die Zukunft, Wien 2002.

2
Wohnwelt-Bausteine

Das Quartier, die Nachbarschaft, wächst durch die
Interdependenzen der Wohnwelt-Bausteine zu einem
besonderen Ambiente mit
eigenem Flair.

Haus am See: Der Steg mit dem Ruderboot verkörpert die Sehnsucht nach einem Ort, an dem sich der Mensch mit der Natur vereint. Der Morgennebel verstärkt das Gefühl des Alleinseins und fordert nachgerade dazu auf, über den Sinn des Lebens nachzudenken. In welcher Welt wollen wir eigentlich wohnen?

Wir wollen versuchen, unsere nähere Umwelt, in der wir wohnen und leben, besser zu verstehen, ihren Charakter, ihre Stimmung, die sozialen Verflechtungen, ihr äußeres Erscheinungsbild zu erfassen. Wir wünschen uns, dass sich die Elemente dieser Umwelt zu einem wohnlichen, einladenden Ambiente zusammenfügen, in dem wir uns zu Hause fühlen und je nach Bedürfnis zwischenmenschliche Kontakte pflegen können.

Ob Wohnung, Reihenhaus oder frei stehende Villa – keines dieser Gebäude steht isoliert für sich, sondern ist eingebunden in räumliche und soziale Zusammenhänge wie das Dorf auf dem Lande oder das Quartier in der Stadt. Sie haben ihre eigene Sprache, ihre Vorlieben und ihre Determinanten. Der Architekt Christopher Alexander hat die Bedingungen formuliert, in der sich diese Zusammenhänge entwickeln: »... etwas zu bauen kann nicht bedeuten, bloß dieses abgetrennte Ding zu bauen; vielmehr muss auch die Welt rund um dieses Ding und innerhalb dieses Dings instand gesetzt werden, so dass die größere Welt an dieser einen Stelle zusammenhängender und mehr ein Ganzes wird und das Ding, das man macht, während seines Entstehens seinen Platz im Gewebe der Natur einnimmt.« [3]

Aus den sozialen, wirtschaftlichen und kulturellen Prägungen der Bewohner leitet er eine Muster-Sprache ab, in der sich die unterschiedlichsten Auffassungen und gebauten Umwelten widerspiegeln. »Jede lebendige und ganze Gesellschaft hat ihre eigene, einmalige und unterschiedliche Muster-Sprache; und weiter, jedes Individuum in einer solchen Gesellschaft eine einmalige Sprache, zwar teilweise mit anderen gemeinsam, aber im Ganzen einzigartig für die betreffende Person.« [4]

Wir wollen an dieser Stelle die Sprache der Wohnwelten etwas besser verstehen, ihre Syntax und ihre Bedeutungen. Wir stellen dazu zunächst vereinfachend ihre einzelnen Elemente dar, soweit diese Separierung überhaupt möglich ist. Für den Wohnungsbereich nennen wir diese Elemente: Wohnwelt-Bausteine. Wie ein Haus erst durch das Zusammenfügen seiner Steine zu seiner individuellen Form findet, so wächst das Quartier, die Nachbarschaft nur durch die Interdependenzen dieser Wohnwelt-Bausteine zu einem besonderen Ambiente mit eigenem Flair und Charakter.

Wir können hier zunächst nur eine subjektive Auswahl solcher Bausteine treffen, denn sie wird für jeden Menschen wie für jeden Projektentwickler unterschiedlich ausfallen. Die anschließende Darstellung von gebauten Wohnwelten zeigt, zu welchen gebauten Ergebnissen die Zusammenstellung und Verdichtung dieser Wohnwelt-Bausteine führen kann.

3 Alexander, Christopher: Eine Muster-Sprache. Städte, Gebäude, Konstruktion, Wien 1995.
4 Ebd.

2.1
Genius Loci: Ort und Zeit

Giebelständige Reihenhäuser in Staaken bei Berlin (1914–1917): Der Architekt Paul Schmitthenner verstand es, eine unverwechselbare Siedlung zu schaffen, ohne dabei die Regeln eines menschlichen Städtebaus zu missachten. In einer der ersten Gartenstädte Deutschlands spiegelt die rhythmische Gleichförmigkeit die soziale Homogenität ihrer Bewohner.

Jedes Grundstück definiert sich zunächst aus seiner Lage und der Einbettung in seine Umgebung. Hieraus gewinnt es seine Wertigkeit, seinen Charakter und seine Nutzungsmöglichkeiten. Die Baulücke in der Stadtmitte verweist auf die Maßstäblichkeit und Materialität ihrer Nachbarn, auf deren Alter und Nutzungen. Die Reihenhausparzelle in der suburbanen Vorstadt bestimmt sich eher über ihren Preis, das soziale Ansehen ihres Umfelds und das Durchschnittsalter der hier wohnenden Bevölkerung. Sie unterscheidet sich von der Wohnung im Arbeiterviertel, die in der Nähe der Produktionsstätten liegt. Mit ihr assoziieren wir Bescheidenheit und die Kneipe an der Ecke. Anders wiederum die Villa am See, die mit dem Blick über das Wasser und einem Landesteg für das Ruderboot ganz andere Vorstellungen und Erwartungen weckt.

Doch immer geht es dabei um den Genius Loci – den an einem Ort herrschenden Geist. Er ist ein Konstrukt, in dem Wissen, Erinnerung, Wahrnehmung und Deutung verschmelzen als interpretative Leistung des menschlichen Bewusstseins. Er ist der Ausgangspunkt für Geschichten und Legenden, ja vielleicht sogar Mythen.

Fast jeder Ort bietet Anknüpfungsmöglichkeiten für die Fortsetzung der Geschichte, sowohl der gebauten als auch der sozialen Geschichte, den vertrauten oder den zu erneuernden Lebensformen in diesem Umfeld. Diesen Geist gilt es aufzusaugen, nachzuvollziehen und in die Zukunft zu überführen. Wenn wir uns auf ein solch metaphysisches Erspüren einlassen, haben wir die Chance für eine ausgefallene Bebauung mit eigenem Charakter und Ambiente.

Die Einbeziehung des geschichtlichen Ortes führt zum Kern einer kreativen Lebenswelt: alte Mauern und Häuser, die Geschichten erzählen. Niemand kann so gute, so lange und so abenteuerliche Geschichten »erzählen« wie historische Bauten. Als Versatzstücke der Vergangenheit lassen sie der Fantasie des Einzelnen freien Lauf. Jeder Betrachter bringt sie auf ganz eigene Weise mit seiner persönlichen Lebensgeschichte in Verbindung – immer wieder anders. Historische Orte sind nichts anderes als Sedimente menschlicher Lebenserfahrung und in diesem Sinne der Kunst ähnlich, die von jedem Betrachter individuell aufgenommen wird und bei ihm persönliche Berührungsmomente evoziert, subjektive Assoziationen und Erinnerungen erzeugt. Wir können uns daran reiben und damit auseinandersetzen.

Historische Orte sind unperfekt. Sie haben keine rechten Winkel, sondern Patina. Lebensspuren. Das Auge liebt die Unschärfen. Der krumme Balken bedeutet optische Entspannung und Liebenswürdigkeit. Wir verehren die alten Fachwerkhäuser mit ihren durchgebogenen Deckenbalken und schiefen Wänden – auch und vor allem, wenn wir nicht ewig darin wohnen müssen. Doch ihre Erscheinung zieht uns an, wir fühlen uns gleichsam mütterlich geborgen. Orte besetzen offensichtlich nicht nur die räumliche Dimension, sondern auch die Dimension der Zeit.

Wir haben miterlebt, wie zum Beispiel die historischen Arbeiterhäuser der Krupp'schen Siedlungen wiederentdeckt wurden, ihre wagenburgartige Geschlossenheit oder ihre von der Gartenstadt inspirierten Wegeführungen. Wo früher zwei Familien wohnten, lebt heute nur noch eine. Hühnerstall und Nutzgarten haben sich in eine große Erholungsfläche für Spiel und Blumenzucht verwandelt. Aber die Bewohner empfinden die alte Geschichte nach, den Geist dieses Ortes. Er bleibt spürbar als Identifikationsmoment, als Grund für das Bedürfnis, sesshaft zu werden oder zu bleiben.

Materialien prägen Orte und ihre Maßstäblichkeit. Dafür nur zwei Beispiele: Wir lieben den gelben mallorquinischen Sandstein, der die Orte der Insel über die Zeiten verbindet, wohltuende Kontinuität gewährleistet, Vertrautheit und Wärme ausstrahlt. Dieser Stein prägt unser Bild der Bautradition Mallorcas und verbindet die alten Bauten problemlos mit neuen.

Ähnlich und doch ganz anders: die Vorarlberger Architekturschule. Ihr gelingt es, die Tradition der Holzbauten in eine zeitgemäße, strenge Architektursprache zu übersetzen. Sie verträgt sich hervorragend mit den alten Ortsbildern und vermag die Seele der historisch geprägten Dörfer zu bereichern. Es ist nicht das Ausgefallene, die Einzigartigkeit des Bauwerks, das diesen Wert ausmacht, sondern die Kontinuität des Gewöhnlichen, gleichwohl in einem sehr robusten und vertrauten Korsett.

Der rotbraune mallorquinische Naturstein und die Maßstäblichkeit der Bauten verbinden alte, umgebaute und neue Häuser. Sie bewahren den vorherrschenden Geist, den Charakter der Orte.

Vom Regen ausgewaschenes Bruchsteinmauerwerk und von der Zeit gezeichnete Holzfassade: Das traditionelle Bauen in den Alpen hat eine nachhaltige Architektur hervorgebracht, die immer auch eine Symbiose von Kultur und Natur ist.

Technische Entwicklungen, veränderte Arbeitsweisen und allgemei-
ner Wohlstand verändern die Innenstädte. Mit ihnen wandeln sich die
Nutzungen historischer Bauten. Denken wir an die riesigen Lager- und
Kontorhäuser in den nordischen Hafenstädten, große Backsteinbauten
mit weiten, freien Innenflächen, die als frei gestaltbare, kostengünstige
Wohnflächen wiederentdeckt wurden. Aus ihnen sind die mittlerweile berühmten und kaum noch bezahlbaren Lofts geworden, die ihren
Charme aus uralten verschmierten Ziegelwänden, den Stahlstützen
und offenen Deckenträgern sowie den Überhöhen in den Etagen bezie-
hen und einen weiten Blick über Wasser, Schiffe und die Silhouette der
Hafenkräne bieten.

Blick in einen Hinterhof in Düsseldorf: Der individuelle Charme der historischen Substanz bietet ausreichende Anknüpfungspunkte, um dem gesamten Quartier eine kreative Atmosphäre zu verleihen.

Doch es gibt auch weniger ausgefallene, nicht minder attraktive Trendquartiere: Die alten Hinterhöfe mit ihren ausgedienten Werkstätten für Schlosser, Spengler oder andere Handwerker erfahren ihre Umnutzung zunächst als einfache Ateliers für Druckereien, Künstler und Musiker, also für Kreative mit wenig Geld und einem Bohemien-Lebensstil. Dann ziehen erste Kneipen ein, einfache Bistros mit glatten Holztischen, die als Alternative zur Durchschnittlichkeit und Abgeklärtheit des Regelalltags empfunden werden. Bald schon eignen sich soziale Gruppen diese Orte an, die fähig und bereit sind, für diese Idylle nicht nur mehr, sondern auch viel Geld zu bezahlen. Dass dabei der Ursprungscharakter schwindet, eine neue, bequeme Atmosphäre entsteht und der alte, geschichtliche Geist vergeht, wird kaum noch bemerkt.

Die Transformation des Ortes und seines Charakters muss die Dimension der Zeit berücksichtigen, um ein Stück lebendige Geschichte im Kleinen mit großer Anziehungskraft zu bewahren. Es sind Chancen des Wandels, die wir aufgreifen und fördern sollten. Dazu gehört der einzelne behauene Naturstein ebenso wie der knorrige Baum mit seiner mächtigen Krone. Sie greifen gemeinschaftliche Erinnerungsbilder auf und werden zum Sinnbild vergangener und gegenwärtiger Zeiten. Sie schaffen die »emotionale Patina«, die uns an einen Ort bindet. Sie bilden den Stoff, aus dem Geschichten entstehen – wahre und erfundene, alte und neue.

Orte und ihre Geschichten bilden Anlässe und Keimzellen neuer Planungen und »Übersetzungen«. Denn historische Bauteile sind Versatzstücke, die wir nicht erfinden, sondern höchstens imitieren können. Diesem Erbe der Vergangenheit gilt es Respekt zu zollen. »Die geistigen Wurzeln und die Verbindungen zur Vergangenheit gehen den Menschen verloren, wenn die physische Welt, in der sie leben, diese Wurzeln nicht bewahrt.«[5] Das mag die erhaltene Fassade eines Vorgängerbaus beziehungsweise ein Teilstück sein, das wir in die neue Planung integrieren. Doch auch historische Ereignisse oder die Namen berühmter Erfinder oder Herrscher, die mit einem Ort verbunden sind, können noch heute Anlass für die Benennung von Häusern, Cafés, Sälen und Quartieren sein. Sie verweisen damit auf den geschichtlichen Zusammenhang zurück und stellen eine Kontinuität zwischen Gestern und Heute her. Genius Loci – der an einem Ort herrschende Geist. »Orte sind Individualitäten in Raum und Zeit des Daseins. In der Landschaft sind sie vertraute Abbilder erfahrener und erhoffter Gelegenheiten.«[6]

Orte bilden die Grundlage von Gelegenheiten. Planer, Bauherren, Architekten und Projektentwickler schaffen Orte. Wo noch kein markanter Ort durch Natur, Landschaft, Stadt oder Straße geprägt wurde, bilden sie einen neuen Ort, gestalten oder verwandeln ihn. Großen Architekten ist es von jeher durch ihre eindrückliche Gestaltungsgabe gelungen, unverwechselbare Orte als bedeutende Zeichen ihrer Zeit zu kreieren. Sie bewahren ihren Zauber über Epochen hinweg: die Uffizien des Giorgio Vasari in Florenz, das Barcelona von Antonio Gaudí, die Bauten von Frank O. Gehry in Bilbao und Düsseldorf. Hier zeigt sich die »revolutionäre« Macht großer Architekturen, denen es gelingt, bestimmten Orten einen neuen Genius Loci einzuhauchen. Meist sind dies große öffentliche Bauten, seltener Wohnhäuser. Letztere beziehen sich durch ihren kleineren Maßstab eher auf das direkte lokale Umfeld, wirken aber umso stärker auf die Bindung ihrer Bewohner.

5 Alexander, Christopher: Eine Muster-Sprache. Wien 1995.
6 Oswald, Franz: Urphänomene der Architektur: Orte. Vorlesungs-Skript ETH Zürich (Sommersemester 1975).

Der kalifornische Architekt
Frank O. Gehry bricht mit seinen
Entwürfen jede Tradition. Seine
Bauten schaffen es dennoch,
Orten wie etwa dem Düssel-
dorfer Hafen ein neues Antlitz
zu geben.

2.2
Städtebau und Architektur

Geschosswohnungsbauten, Reihenhausgruppen und Seniorenwohnungen formieren sich zu einer inhaltlichen Einheit. Der geplante Anger für eine Bebauung in Kaarst ist bereits im städtebaulichen Grundriss ablesbar.

Städtebau

Städtebau, also die Gestaltung im größeren Maßstab der Stadt oder der Gemeinde beziehungsweise des Quartiers, erfordert ein Verständnis für die vorgegebenen und intendierten Zusammenhänge sowie die damit zusammenhängenden, das Stadtbild prägenden sozialen und politischen Visionen. Städtebauliche Konfigurationen legen den Grundstock für Nachbarschaften und Quartiere.

Bei Projekten mit städtebaulicher Relevanz und gegebenen Bebauungsplänen empfiehlt es sich für den Entwickler, zunächst deren beabsichtigte Nutzung sowie ihre städtebaulich-künstlerische und technische Ausrichtung zu hinterfragen und nachzuvollziehen. Anhand dieser Erkenntnisse, der Standortgutachten sowie seiner eigenen, auf Erfahrung beruhenden Einschätzung kann der Entwickler dann eine profilierte Analyse der zu erwartenden Zielgruppen und ihrer Nutzungsanforderungen vornehmen sowie eine soziale und wirtschaftliche Beurteilung treffen.

Der verantwortungsvoll handelnde Projektentwickler wird nicht allein die Maximierung der baurechtlich möglichen Ausnutzung anstreben, sondern versuchen, die städtebauliche Planung im Hinblick auf die Erwartungen seiner Kunden, also der späteren Bewohner, zu optimieren und die technische Realisierung mit gestalterischen Intentionen in Einklang zu bringen. Gelingt es ihm, mit den Beteiligten, den zuständigen Ämtern und Behörden, mit eventuell schon bekannten Kunden oder Nachbarn einen offenen Dialog zu führen, lässt sich zumeist ein wirklich optimales Ergebnis für alle erreichen. Der möglicherweise etwas mühsamere Entwicklungsweg führt in den meisten Fällen zu erweiterten Chancen für alle Beteiligten – auch für die wirtschaftliche Umsetzung.

Wo die Bauaufgabe nicht nur als schnellstmögliche Erfüllung planerischer Kennzahlen verstanden wird, deckt sich die eher langfristig angelegte Verantwortung für den künstlerischen Städtebau sowie für räumliche, gestalterische, soziale und ökologische Qualitäten überwiegend mit den Erwartungen und Wünschen derjenigen Kunden und zukünftigen Bewohner, für die dieses Planungskonzept ausgelegt ist. Es entsteht eine spezifische Lebenswelt zum Vorteil aller Beteiligten. Eine kleine, überschaubare Entwicklungsaufgabe möge dies beispielhaft verdeutlichen: Reihenhäuser verbinden sich problemlos mit den gewünschten Geschosswohnungsbauten im adäquaten Maßstab und integrieren auch Wohnraum für ältere Menschen. Die städtebauliche Konfiguration vereint die unterschiedlichen Elemente und gibt ihr mit dem zentralen Platz einen gestalterischen und lebendigen Mittelpunkt für Spiel und Gespräch am Wasser. Mit diesem Aufeinander-Bezogensein grenzt sie sich durch ihre räumliche und städtebauliche Gestaltung als wahrnehmbare Einheit ab, in der die Bewohner ein Wir-Gefühl entwickeln können, ohne sich jedoch abzuschotten von den bereits bestehenden angrenzenden Siedlungseinheiten.

Ein anderes Beispiel ist ein von Nonnen verlassenes Klostergebäude, das in eine Wohnbebauung integriert werden soll. Es ist moralische Verpflichtung und große Chance zugleich, das Motiv des alten Klosterhofs in seiner städtebaulichen Anordnung zu rehabilitieren und eine passende, privatwirtschaftlich tragfähige Nutzung für die neugotische, inzwischen entweihte Kapelle zu finden. Es entsteht ein unverwechselbares Ensemble, das Alt und Neu verbindet und der dicht bebauten Stadt Anschluss an das landwirtschaftliche Grün ringsum und an den angrenzenden Klosterwald verschafft.

Möglichkeiten für großmaßstäbliche, innerstädtische Projektentwicklungen ergeben sich hingegen seltener. Die besten Chancen bieten heutzutage Konversionsflächen: ehemalige Fabrikgelände, Produktionsbetriebe, Gleisanlagen der Bahn oder Kasernenhöfe werden mit ihrer bisherigen Nutzung aufgegeben und öffnen sich für neue Bauaufgaben. Ein solcher Prozess ist zum einen großmaßstäbliche Stadtreparatur, bei der alte, vielleicht sogar historisch bedeutsame städtebauliche Zusammenhänge wiederhergestellt werden, zum anderen aber die Gelegenheit, neue Strukturen und zeitgenössische Architekturen als Bereicherung und Ergänzung des bisherigen Stadtbilds zu erschaffen. In jedem Fall gilt es, die städtebaulichen Prinzipien nachzuvollziehen, sie zu verstehen und darauf zu reagieren. Vielleicht lässt sich sogar schon von kleinräumlichen Subkulturen sprechen, deren städtische Vielfalt sich durch das jeweils spezifische Nebeneinander von Unterschiedlichkeiten ergibt. Die Bezugnahme auf »große Themen« kann auch die Grundlage zu einem groß angelegten städtebaulichen Wurf werden: Die markanten Kranhäuser am Kölner Rheinauhafen nehmen unmissverständlich Bezug auf die alten Schiffskräne vor den hohen Lagerhäusern der Vergangenheit. Sie definieren einen unübersehbaren städtebaulichen Rahmen und verleihen der Stadt aus dieser Perspektive ein neues Gesicht. Gleichwohl gilt es, sie nicht als isolierte Bedeutungsträger zu platzieren, sondern sie mit dem pulsierenden Leben an dieser Stelle zu verzahnen.

Die deutliche Unterscheidung zwischen verschiedenen Quartieren, ihren sozialen, gestalterischen und zielgruppenspezifischen Eigenheiten, bleibt im Nebeneinander dieser Quartiere wichtiger Lebensquell städtischer Kultur. Würden wir solche Unterschiede im Sinne einer falsch verstandenen Gleichmacherei austarieren, nähmen wir der Stadt, den Kommunen und Nachbarschaften ein wichtiges Stimulans. Am Ende könnte der berühmte »Wärmetod der Stadt« stehen, bei dem sich gemäß dem Zweiten Satz der Thermodynamik die Energieunterschiede abbauen und zur Verödung führen.[7]

»Das Mosaik aus Subkulturen erfordert, dass hunderte verschiedene Kulturen auf ihre Art in voller Intensität Tür an Tür zusammenleben. Aber Subkulturen haben ihre eigene Ökologie ... Sie können in voller Intensität von den Nachbarn ungehindert nur dann leben, wenn sie tatsächlich durch physische Grenzen getrennt sind – Menschen brauchen eine identifizierbare räumliche Einheit ... Fördere die Organisation lokaler Gruppen zur Entstehung solcher Nachbarschaften in bestehenden Städten.«[8]

7 Götzen, Reiner: Wärmetod der Stadt, in: DBZ Nr. 3/1991.
8 Alexander, Christopher: Eine Muster-Sprache, Wien 1995.

Die Vision eines großen Themas:
Die Düsseldorfer Stadtbauten
im neuen, französisch orientierten »Le Quartier Central«,
nehmen Bezug auf die Straßen-
fronten der Rue de Rivoli gegenüber den Tuilerien in Paris.
Architekten: Klaus Theo
Brenner Stadtarchitektur, Ber-
lin/Dr. Reiner Götzen Creatives
Planen, Ratingen/RKW Rhode
Kellermann Wawrowsky Architektur + Städtebau, Düsseldorf

Das städtebauliche Vorbild: Die Rue de Rivoli ist eine der bekanntesten Geschäftsstraßen in Paris und entstand ab 1802 nach den Entwürfen des Architekten Charles Percier.

Für die Öffentlichkeit hat die Bedeutung von Architektur in den vergangenen Jahren deutlich zugenommen. Ungezählt sind mittlerweile die Zeitschriften und Internetauftritte, in denen geschmacksbildende Beispiele veröffentlicht werden. Zu ihren Zielgruppen gehören neben dem so genannten Fachpublikum auch Endnutzer wie Käufer frei stehender Einfamilienhäuser oder die Mieter von Geschosswohnungen. Der aufgeklärte Kunde hat sich lange auf seinen Wohnungskauf gefreut und entsprechend vorbereitet. Er weiß genau, was er will und hat das Wohnen und seine Möglichkeiten regelrecht »studiert«. Dies gilt umso stärker, je mehr Geld für das neue Heim ausgegeben werden kann. Je nachdem liegt der Schwerpunkt mehr auf der äußeren Gestalt oder aber auf der ausgefeilten Innenarchitektur, insbesondere in Küche, Bad und Wohnraum, also auf jenen Bereichen, welche die Kunden oder Mieter eher selbst beeinflussen und bestimmen möchten.

Gleichwohl bleiben aus der Sicht eines Architekten für zahlreiche Projekte noch viele gestalterische Potenziale verbesserungswürdig. Hans Ibelings zitiert hierzu eine entsprechende Untersuchung über die Einstellung von Niederländern zur supermodernen Architektur: »Research conducted in the summer of 2002 into the architectural preferences of three thousand potential home-buyers, revealed that 14% had no preference, 15% wanted something modern and 13% even something experimental, but that in the last instance 58% of those questioned preferred traditional architecture.«[9] – Wenngleich sich dies tendenziell in den vergangenen Jahren zugunsten eines designorientierten Anspruchs geringfügig verschoben haben mag, so bleibt diese generelle Einstellung doch weiterhin bestehen.

Dies kann den einen Projektentwickler eher zu den bewährten herkömmlichen Gestaltungsangeboten führen, die »dem Kunden« vertraut sind; der andere Entwickler sieht gerade in den ausgefallenen Lösungen eine spannende Alternative, wenngleich diese mit erhöhten unternehmerischen Risiken und Chancen verbunden sind. Je ausgefallener die Zielgruppen werden, desto genauer und mutiger muss er allerdings in Zukunft diese Balance im Auge behalten.

Architektur als sinnstiftender Identifikationsfaktor gewinnt zunehmende Bedeutung und Verbreitung – wenn man es sich leisten kann. Der Blick für die ausgefallene Gestaltung und für das perfekte Detail ist geschärft durch das zuvor beschriebene »Selbststudium« der Kaufinteressenten. Der Vergleich über das Internet bleibt eben nicht mehr nur auf die Preisebene beschränkt. Man kauft, weil man sich von diesem spezifischen Haus mit seinen charakteristischen Merkmalen angesprochen fühlt: die Reduktion auf die Geradlinigkeit, das Spiel der Proportionen bei den Fenstern, das elegante Vordach, die Transparenz der Fassade, die Integration des modernen Küchendesigns in den offenen, quer gelegten Wohnraum. Oder genau das Gegenteil: ein ökologisches Holzhaus mit Grasdach und Lehmwänden im Inneren. Die vielen unterschiedlichen Entwürfe entsprechen der Vielzahl von Erwartungen und Ansprüchen, die Menschen haben können.

Längst ist die Ästhetik als Lebens- und Wertequalität entdeckt – und spezifische Kundengruppen sind auch bereit, dafür zu bezahlen. Deshalb muss sich der Unternehmer immer früher und präziser entscheiden, für welchen Kunden er bauen will – denn das Spektrum der Ansprüche wird immer breiter, die Wünsche der zukünftigen Bewohner werden jedoch immer konkreter. Bleibt allein der Preis der bestimmende Wettbewerbsfaktor, haben wir es mit einer vertanen Chance auf beiden Seiten zu tun. Vorbildliche, ausgefallene Architekturen hatten schon immer ihre Anhänger; heute, mit allgemein gestiegenem Wohlstand, finden sich auch Interessenten mit verhältnismäßig schmalem Geldbeutel. Architektur ist ohne Zweifel ein Attraktivitäts- und Bindungsfaktor, im Wohnungsbau allerdings noch schwieriger zu realisieren als bei öffentlichen und gewerblichen Bauaufgaben wie Opernhäusern, Museen und Verwaltungsbauten.

Ausnahmen gibt es freilich. Dazu gehören die mit staatlicher Förderung errichteten Wohnbauten von Friedensreich Hundertwasser in Wien wie auch die Hügel- und Terrassenhäuser von Faller/Schröder mit ihrer einzigartigen Qualität der großen, privaten Terrassen im Marl der Siebzigerjahre oder die Wohnhöfe der IBA Berlin aus den Achtzigerjahren.

Das 1986 fertig gestellte Hundertwasserhaus in Wien ist nicht nur Touristenmagnet, sondern auch Wahrzeichen einer neuartigen Erlebnisarchitektur. Architekten: Joseph Krawina, Friedensreich Hundertwasser

9   Ibelings, Hans: Die gebaute Landschaft. Zeitgenössische Architektur, Landschaftsarchitektur und Städtebau in den Niederlanden, München 2000.

Neue Wohnformen im Zentrum Berlins: die Stadthäuser am Friedrichswerder, errichtet von verschiedenen namhaften Architekten.

In der Düsseldorfer Arnulf-
straße wurden fast gleichzeitig moderne und klassisch
geprägte Wohnbauten von zwei
unterschiedlichen Projektentwicklern errichtet – und
gleichermaßen gut verkauft.
Architekten: Döring Dahmen
Joeressen Architekten (links),
RKW Architektur + Städtebau
(rechts)

Dass die Suche nach neuen – und alten – Bau- und Gestaltungsstilen wächst, ist ein Zeichen für den Stellenwert und die Bedeutung von »Schönheit«, Ästhetik, gebautem Wert, aber auch für den Wunsch nach Identifikation mit einer neuen Umgebung. Der Glaubenskrieg der Architekten wird dabei von den Kunden beziehungsweise Bewohnern neu entschieden: Dürfen wir als »moderne« Menschen auch in neuen, aber historisch-klassisch gestalteten Häusern mit gutem Gewissen wohnen? Oder verstoßen wir damit gegen die reine (Architektur-)Lehre? Müssen wir weiter auf eine frei stehende Gründerzeitvilla mit Stuck und hohen Decken warten – oder dürfen wir derartige Häuser auch neu bauen und beziehen?

Noch streiten sich die Geister über diese Frage, aber die Auseinandersetzung flaut allmählich ab. Bald werden wir erleben, wie sich eine Kundengruppe aus ehrlicher Überzeugung für das moderne, bauhaus-orientierte Wohngebäude entscheidet und die andere Gruppe ohne schlechtes Gewissen, aber mit gutem Gefühl für den klassizistisch gestalteten Neubau. Die Gleichzeitigkeit dieser unterschiedlichen Präferenzen wird ihre adäquate Widerspiegelung am Markt finden.

Architektur gewinnt ihren Wert durch ihre Ingebrauchnahme, sei es durch die Rezeption ihrer Ästhetik oder durch das tatsächliche Leben in, neben und mit ihr.

Sie ist nicht nur ästhetischer Selbstzweck der Architekten, sondern entfaltet ihre nachhaltige Wirkung erst mit der individuellen Aneignung ihrer Nutzer, den Bewohnern.

Repräsentativer Eingang eines
Stadthauses in Berlin: Das
Foyer heißt seine Besucher
willkommen. Hier sind Tradition
und Ästhetik zu Hause.
Architekt: Marc Jordi, 2006

2.3
Außenraum und Landschaftsgestaltung

Bezeichnen wir die Gebäude als Positiv-Raum der Objekte, so bildet die zwischen den Objekten verbleibende Umgebung den Negativ-Raum. Erst zusammen verschmelzen sie zu einer Einheit. Sie sind untrennbar miteinander verflochten und bedingen einander, während der Außenraum das verbindende Dazwischen verkörpert. In einer Blockrandbebauung ist der Außenraum das direkte Negativ der Umfassungsbauten, bei einer offenen Bebauung mit Einzelbaukörpern verbindet er diese miteinander. Der Außenraum kann nicht losgelöst vom gebauten Objekt betrachtet werden. Der Garten ist das verlängerte Wohnzimmer. Der vorhandene beziehungsweise fehlende Park vor der Haustür bestimmt wesentlich die Qualität des Wohnens im Haus.

In den Siedlungen der Sechzigerjahre wurden die Erdgeschosswohnungen gegenüber den Außenflächen erhöht geplant, so dass kein unmittelbarer Zugang von diesen Wohnungen auf die Rasenflächen möglich war. Das soziale Grün wurde zur Abstandsfläche, die bestenfalls zum Trocknen der Wäsche auf den hierfür vorgesehenen Plätzen genutzt wurde und außerdem noch von der Gemeinschaft gepflegt und unterhalten werden musste. Die Vernachlässigung war praktisch vorprogrammiert. Heute sind wir eher bemüht, jeden Quadratmeter Gartenfläche privat auszuweisen, also den Bewohnern direkt zuzuordnen. Damit verbessert sich zwar deutlich die persönliche Aneignung und Verantwortung des unmittelbaren Umfelds, die Chancen zur punktuellen, platzartigen oder ähnlichen Nutzung von Gemeinschaftsflächen etc. werden allerdings vertan. Dies wird umso schwieriger, wenn das städtebauliche Grundkonzept solche Möglichkeiten nicht von vornherein vorgesehen hat oder sie aus Unterhaltsgründen und Fragen der zugeordneten Verantwortung sogar meidet.

Kleinste städtebauliche Einheiten, Nachbarschaften mit acht, zehn oder mehr Häusern, lassen sich hervorragend durch eine gezielte Außenraumgestaltung zusammenbinden. Sie können auf diese Weise ihr Thema und ihre Mitte erhalten. Beispielsweise bot der Fund römischer Scherben und Kacheln in einem Entwicklungsgebiet dem Gewinner des städtebaulichen Wettbewerbs Anlass, das römische Stadtmuster der Straßenkreuzung von Cardo und Decamanus sowie die Aneinanderreihung von quadratischen Baufeldern (insulae) nachzuempfinden. Dies ermöglichte es, jedes Baufeld unterschiedlich zu gestalten und selbst kleinste stadträumliche Einheiten mit einem außenräumlich, zum Teil auch römisch geprägten Thema zu besetzen.

Brunnen und Pergola im Außenraum – als Versatzstücke römischer Vorbilder – geben dem Baufeld eine eigene Prägung und sind ein markantes Unterscheidungsmerkmal. Zugleich bieten sie Anlass zur Kommunikation und Identifikation der Anwohner.
Siedlung in Frechen-Königsdorf, Architekt: Dr. Reiner Götzen Creatives Planen

In erweiterter Form kann dies auch der einladende Kinderspielplatz mit Wasserschraube, Sandfläche und Holzgerüst sein, der als Treffpunkt für Kinder und Mütter gestalterisch in ein enges nachbarschaftliches Miteinander integriert ist. – In La Quinta, nahe Palm Springs (Kalifornien) wurden die einzelnen Golfbahnen mäanderförmig mit der Neubebauung verzahnt: Golf und Freizeit als Thema der Siedlung.

Kleinste städtebauliche Einheiten, Nachbarschaften mit acht, zehn oder mehr Häusern, lassen sich hervorragend durch eine gezielte Außenraumgestaltung zusammenbinden. Lageplan Siedlung Frechen-Königsdorf, Architekt: Dr. Reiner Götzen Creatives Planen

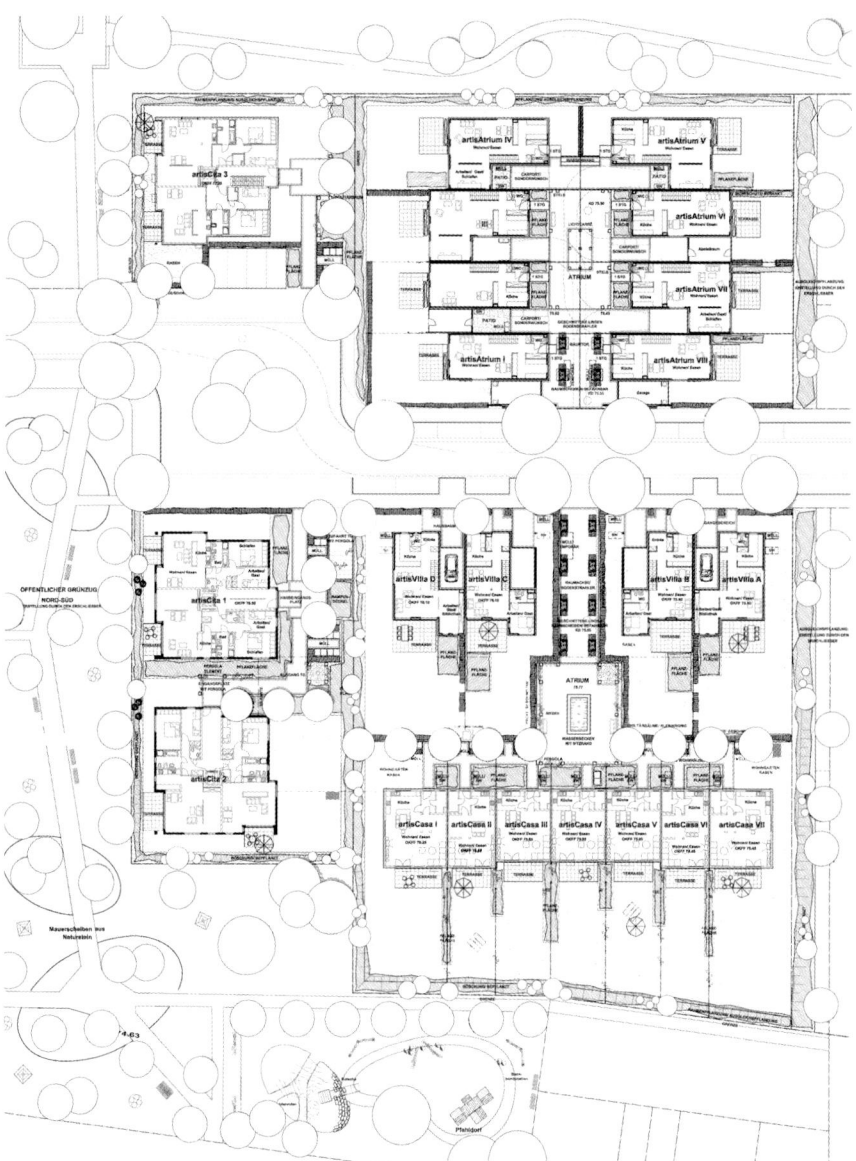

Gut geeignet ist auch eine großflächige Teichanlage als Mittelpunkt einer Bebauung, schilfbestanden mit kleinem Springbrunnen, Fußgängerbrücke und über dem Wasser schwebender Holzterrasse. Die Wege können mit Spielgerät gesäumt werden, so dass sich anstelle des langweiligen Alibi-Kinderspielplatzes eine Spiellandschaft ergibt. Weil sich auch ältere Menschen aus der Umgebung zum Spazierengehen und zum Verweilen auf den Bänken hier treffen, entsteht so zugleich ein Kontaktforum für alle Generationen.

Dennoch stellt sich natürlich immer wieder die gleiche Frage: Wer bezahlt das alles? Wie lassen sich sowohl die Erstellung als auch der andauernde Unterhalt finanzieren? Zahlt der Wohneigentümer oder Mieter nur für die von ihm genutzte Wohnfläche? Schließlich sind Brunnen, Teichfläche, privater Spielplatz mit kinderfreundlicher Gestaltung nicht gratis zu haben. Und wenn sich manch ein Bewohner Gedanken über die

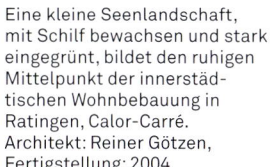
Eine kleine Seenlandschaft,
mit Schilf bewachsen und stark
eingegrünt, bildet den ruhigen
Mittelpunkt der innerstäd-
tischen Wohnbebauung in
Ratingen, Calor-Carré.
Architekt: Reiner Götzen,
Fertigstellung: 2004

kontinuierlichen Pflegeaufwendungen dieser Anlagen macht, zieht er
möglicherweise einen Verzicht darauf vor und verwendet sein Geld für
andere Annehmlichkeiten. Diese Frage ist nicht unproblematisch. So gilt
auch hier, dass mit diesen Zusatzangeboten Wünsche und Träume der
Bewohner erfüllt werden müssen. Sie verstehen diesen Außenraum als
elementaren Bestandteil ihrer Lebenswelt, der ihrem Wohnen erst die
richtige Atmosphäre verleiht. Es ist der Weg zum Hauseingang über die
Holzbrücke, vorbei an den Enten und Goldfischen im Wasser; der Blick
von der eigenen begrünten Terrasse am frühen Abend, ein Glas Wein am
Gartentisch oder die kurze Begegnung mit dem Nachbarn. Diese beiläu-
figen Qualitäten finden sich in dieser Konstellation nur hier, zusätzlich
zur begehrten Stadtlage. Nur so lässt sich der finanzielle Mehraufwand
für dieses Zusatzangebot angemessen rechtfertigen und akzeptieren.

In solchen Wohnwelten ist die Erschließungsstraße eben nicht nur au-
togerecht, sondern wird durch einen kleinen Pergolaplatz unterbrochen,
ein neuer Treffpunkt, der einlädt zum Erzählen, zum Rollerfahren, für
den mußevollen Blick in die kleine Baumallee. Diese Straßengestaltung
erfüllt zum Teil auch Repräsentationszwecke: das gestaltete Entree
eines Quartiers, vielleicht auch mit einer Markierung am Anfang und
am Ende, zwei größeren Bäumen, bunt bemalten Stangen oder Stelen
als Eingangssignet. Es sind Kleinigkeiten, die Ambiente schaffen und
das »gewisse Etwas« ausmachen. So entstehen Spiel-, Freizeit- und
Erholungsflächen für Jung und Alt – und nicht bloße Restflächen. Keine
Städte ohne Plätze und Parks. Keine Bebauung ohne Höfe, Gärten und
Wege. Sie sind die Adern der Kommunikation.

Es gehört zum Kreativpotenzial der Projektentwickler, solche Ideen als
Mehrwerte frühzeitig zu erkennen und in die Planung und Realisierung
einfließen zu lassen. Sie dürfen nicht Beiprodukte einer Marketingidee
im Prospekt werden, sondern die wesentlichen Qualitätseigenschaften
dieser besonderen Nachbarschaft.

2.4
Kunst und Licht

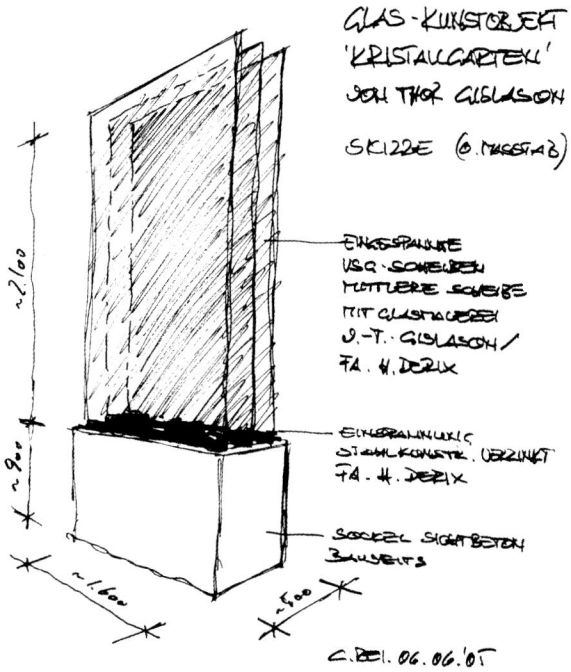

GLAS-KUNSTOBJEKT
'KRISTALLGARTEN'
JON THOR GISLASON

SKIZZE (O. MASSTAB)

EINGESPANNTE
USG-SCHEIBEN
MITTLERE SCHEIBE
MIT GLASMOSAIK
J.-T. GISLASON /
FA. H. DERIX

EINSPANNUNG
STAHLKONSTR. VERZINKT
FA. H. DERIX

SOCKEL SICHTBETON
BAUSEITS

C.BEI. 06.06.'05

Die Glas-Plastik des islän-
dischen Bildhauers Jón Thor
Gíslason im Innenhof der
Wohnbebauung »Kristallgarten« in Düsseldorf-Gerresheim
erinnert an die zeitliche und
örtliche Nähe der alten Gerresheimer Glashütte.

Kunst jenseits der Baukunst, also der reinen architektonischen Gestaltung, ist im »Wohnungsbau der Projektenwickler« wenig verbreitet. Die
berühmt-berüchtigte »Kunst am Bau«, sofern sie nicht zur Karikatur
ihrer selbst verkommt, finden wir meist nur im hochwertigen Verwaltungsbau oder bei öffentlichen Gebäuden und Plätzen, Kulturbauten
und ähnlich markanten Orten. Kunst will eine weitere Dimension der
Wahrnehmung und Bedeutung erschließen, über das Vordergründige
hinausweisen, kreative Prozesse in Gang setzen und Identität und
Selbstverständnis eines Unternehmens oder einer Region symboli-
sieren. Der privat initiierte Wohnungsbau der Projektentwicklungsge-
sellschaften hat für einen solchen Mehrwert selten den erforderlichen
mentalen und finanziellen Spielraum, sondern konzentriert sich auf die
unmittelbaren baulichen, technischen und infrastrukturellen Anforderungen an eine Wohnung. Doch gerade hier kann die Chance des Außer-
gewöhnlichen liegen und Überraschung, Erstaunen und Verwunderung
auslösen. Gedanken und Impulse, die Schöpferkraft des Überflüssigen.
Kunst, die anregt, kommuniziert, Widerstand und Identifikation heraus-
fordert und befördert. Sie geht über die bloßen Wohnvorstellungen
hinaus. Sie erweitert und erschließt neue Horizonte.

Kunst gestaltet, dichtet, formt und knetet. Sie spiegelt Kulturen und
Gesellschaften wider, Menschen und deren Gewohnheiten. Kunst ist
bisweilen einfach »schön« – über den Unterschied zum Kitsch streiten
sich die vermeintlich Gelehrten.

Damit ist Kunst nicht berechenbar, zumindest nicht im wirtschaftlich-
rationalen Verständnis. Das heißt jedoch nicht, dass sie nichts kostet.
Ganz im Gegenteil. Als »Gesamtkunstwerk gelungener Wohnungsbau«
vermag sie sehr wohl die Wertigkeit, das Gesamtgefüge und die Wert-
schätzung auf eine höhere Stufe zu stellen und ihr erweiterte Anerkennung zu vermitteln. Sie ist aber nicht messbar, schon gar nicht über den
Nachweis einer ursächlich darauf zurückgehenden, zusätzlich verkauf-
ten Wohnungseinheit. Die Entscheidung für Bilder, Skulpturen oder
andere künstlerische Objekte bleibt eine persönliche, eine unternehmerische. Sie spiegelt allenfalls die Einstellung des Entscheiders wider
und gibt der Fantasie Raum.

Die Wertigkeit der Gebäude ist eine funktionale und materielle. Kunst
dagegen kreiert eine nicht funktionale Wertigkeit. Sie zieht einen
Menschenkreis an, der diesen Wert zu schätzen weiß. Kunst hebt die
Wertigkeit des Gesamtprojekts, sei es die Kunst der Architektur oder die
bildende Kunst in Gestalt von Skulptur oder Malerei.

Kunst und Symbol überhöhen den historischen Ort: Die 1864 gegründete Gerresheimer Glashütte, einst die größte in Europa, stellte 2005 ihren Betrieb ein.
Skulptur: Jón Thor Gíslason

Licht

Licht verschafft Sicherheit und befriedigt so ein Grundbedürfnis. Denken wir nur an die dunklen Ecken in den Parkhäusern oder in der Tiefgarage unter dem eigenen Mehrfamilienhaus. Dass der Zugangsbereich einer Haustür erleuchtet ist, damit man im Dunkeln nicht über die Stufe stolpert, oder im Treppenhaus Licht brennt, sind Selbstverständlichkeiten, die leicht vergessen werden.

Licht verlängert den Tag – eine Notwendigkeit. Licht schafft Ambiente, ein gutes Gefühl. Hier fängt Licht an, Freude zu machen, Emotionen zu wecken, Stimmung zu erzeugen. In der Wohnung, gesteuert über die zugeordneten Schaltkreise, besteht die erste Möglichkeit der Lichtinszenierung im persönlichsten Bereich, dem Zuhause. Lichtkegel akzentuieren Räume und Ecken, lassen das Bild an der Wand erstrahlen und werfen ein warmes Licht auf den Longchair in der Bücherecke. Mit Licht lässt sich inszenieren und eine Umgebung in Szene setzen. So erhält der Garten hinter der Glasfront des Wohnzimmers durch die Außenstrahler eine tiefe Dimension. In der Nacht erstrahlt der Baum von unten, verfremdet durch die Farbe des Lichts. Der kleine Platz mit seinem Brunnen wird durch Beleuchtung aus dem Dunkel der Nacht geholt wie die dahinter liegende Fassade, auf der auskragende Bauteile ihren Schatten werfen. Licht ist die Schwester der Kunst: Lichtdesign und Lichtkunst.

Doch dies gilt nicht nur für die öffentlichen Räume, sondern auch im Wohnungsbau. Lichtinszenierung mit Lampen und Leuchten ist nicht das Ergebnis der DIN-Minimalbestückung. Sie ist der akribisch geplante Teil eines wohldurchdachten Gesamtwerks. Licht bringt das nächtliche Leben erst richtig zur Geltung. Blendfrei und indirekt, wir sehen nur den angestrahlten Baum, nicht die Lichtquelle. Eine gelungene Lichtinszenierung ist mehr die Frage einer zeitigen guten Planung als die üppiger Mehrkosten.

Licht und Kunst: Was für den einen überflüssiger Bestandteil des Wohnens ist, gehört für den anderen als willkommene Bereicherung seiner visuellen Wahrnehmung und des ästhetischen Wohlempfindens dazu. Licht und Kunst sind fester Bestandteil der Persönlichkeit des Quartiers und seiner Bewohner. Sie sind unverzichtbar.

Frechen-Königsdorf: Visualisierung und Nachtaufnahme zeigen die Inszenierung des Ensembles mit beleuchtetem Brunnen, blauen Lichtbausteinen (statt Wasser) und Lichtstelen.
Architekt: Dr. Reiner Götzen
Creatives Planen

2.5
Lebenszyklen, Lebensstile und Wohnformen

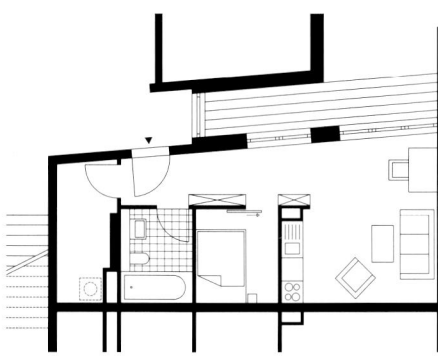

Für den flüchtigen Stadtbe-
wohner mit Zweitwohnsitz oder
den wohlhabenden Studenten:
Grundriss Mikro-Flat, mit eingebauter Küche und separater
Kammer für's Bett oder als
Abstellraum.

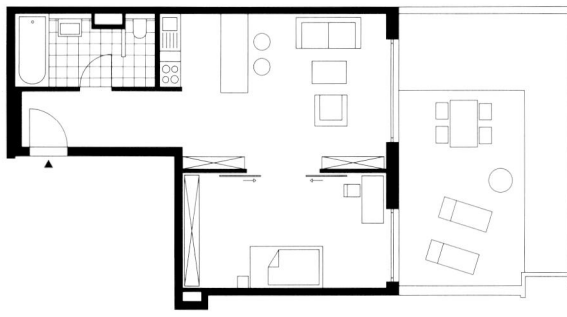

Der offene Raum »fließt« und
vergrößert optisch die kleine
Fläche des Einpersonenhaus-
halts: Grundriss Zweizimmerwohnung mit verbundenem
Wohn- und Schlafzimmer.

Mittlerweile ist es keine Neuigkeit mehr: Mehr als die Hälfte aller innerstädtischen Wohnungen wird von Singles bewohnt. Die traditionelle
vierköpfige Familie, also Eltern mit zwei Kindern, ist statistisch betrachtet zum Auslaufmodell geworden. Sie macht in den Vereinigten Staaten
gerade noch 25 Prozent aus, in Deutschland sind es sogar nur noch zehn
Prozent. Die Lebens- und Wertevorstellungen haben sich geändert. Es
absolvieren mehr Frauen als Männer eine universitäre Ausbildung und
ihre wirtschaftliche Selbstständigkeit ermöglicht einen unabhängigen
Lebensstil. Familiäre Bindungen sind aus diesem Grund nicht länger
lebensnotwendig. Individuen leben gemäß ihren persönlichen Überzeugungen und Freiheitsbedürfnissen – jeder nach seiner Fasson. Dem
entspricht die Vielfalt der Lebensformen und Lebensstile.

Beginnen wir mit der Single-Wohnung des Stadtnomaden. Er ist an
den Wochentagen aufgrund seiner Berufstätigkeit ein Stadtbewoh-
ner, während er die Wochenenden mit Familie oder Lebenspartner
am entfernten Hauptwohnsitz verbringt. Er mietet am Arbeitsort eine
kleine Mikro-Flat, die möglichst schon mit einer eingebauten Küche und
Waschmaschine ausgestattet ist, so dass Einzug und Auszug bequem
und schnell abzuwickeln sind. Dieser Bewohner legt eventuell Wert auf
eine weitergehende Möblierung und auch ein Reinigungsservice käme
ihm gelegen.

Doch die Single-Quote von 50 Prozent in der Innenstadt wird nicht nur
von jungen Erwerbstätigen gestellt. Schnell zeigt sich, dass auch ältere
Alleinstehende, zumeist Frauen, einerseits zwar Ruhe und Rückzugs-
möglichkeit suchen, doch andererseits der Alterseinsamkeit entfliehen
und in optionaler Gemeinschaft leben wollen.

Hieraus entwickeln sich eigenständige Wohnformen mit spezifischen
Raumprogrammen. Traditionell entspricht diesen Bedürfnissen die
Zweizimmerwohnung mit größerem Wohn-/Essraum und einem
kleineren, separaten Schlafzimmer. Damit die Wohnung sich optisch
aufweitet, lassen sich die beiden Zimmer durch eine Schiebetür verbinden. Wer es sich leisten kann, verfügt in einer Dreizimmerwohnung über
ein zusätzliches Arbeits- beziehungsweise Gästezimmer.

Die älteren Menschen wollen mehr. Das Sprichwort vom »alten Baum«,
den man nicht mehr verpflanzt, trifft mittlerweile nur noch bedingt
zu. Eine stetig wachsende Gruppe von älteren Menschen ist bereit, bei
einem Angebot, das ihren Wohnwünschen entspricht, noch einmal
umzuziehen. Die Umzugsneigung und die Wohnwünsche, die sich hieraus ergeben, sind stark abhängig vom Lebensstil der entsprechenden
Haushalte, da sich auch die Gruppe der Älteren immer weiter ausdiffe-
renziert. Eine rein altersspezifische Unterscheidung wird dieser Zielgruppe schon lange nicht mehr gerecht. Wohnangebote müssen auf diesen
Wandel reagieren und sich den unterschiedlichen Lebensweisen des
Alters anpassen. Die Nachfrage nach einer abgeschlossenen Einzelwoh-
nung in einer lockeren Wohn-/Hausgemeinschaft unter Gleichgesinnten
und Freunden nimmt kontinuierlich zu. Noch gibt es zwar nur wenige
Projekte dieser Art – zu groß erscheinen Vielen die Vorbehalte der
engen Begegnung und die Sorge, einen Teil der eigenen Unabhängigkeit
eventuell aufgeben zu müssen. Wenn überhaupt, dann wäre es ideal,
wenn mehrere, vielleicht auch unterschiedlich große Appartements auf
einer Etage zusammenliegen würden. Denkbar sind möglicherweise vier,
sechs oder zehn abgeschlossene Wohnungen. Wichtig wäre ein Gemeinschaftsraum mit einer Küche und einem separaten WC. Ein offener Kamin könnte einen wunderbaren Rahmen für gemütliche Plauderstunden
darstellen. Eingebettet ist diese Etage in das ganz normale städtische

Eine Senioren- und Wohn-
gemeinschaft eingebettet in
das ganz normale städtische
Wohnraumprogramm: Somit
bleiben die Älteren Teil der
übrigen, bunt gemischten
Bewohnerschaft. Auf einer
Etage befinden sich unterschiedlich große Appartements.
Als sozialer Mittelpunkt kann
ein Gemeinschaftsraum mit
Küche fungieren, während ein
offener Kamin zu gemütlichen
Plauderabenden einlädt.

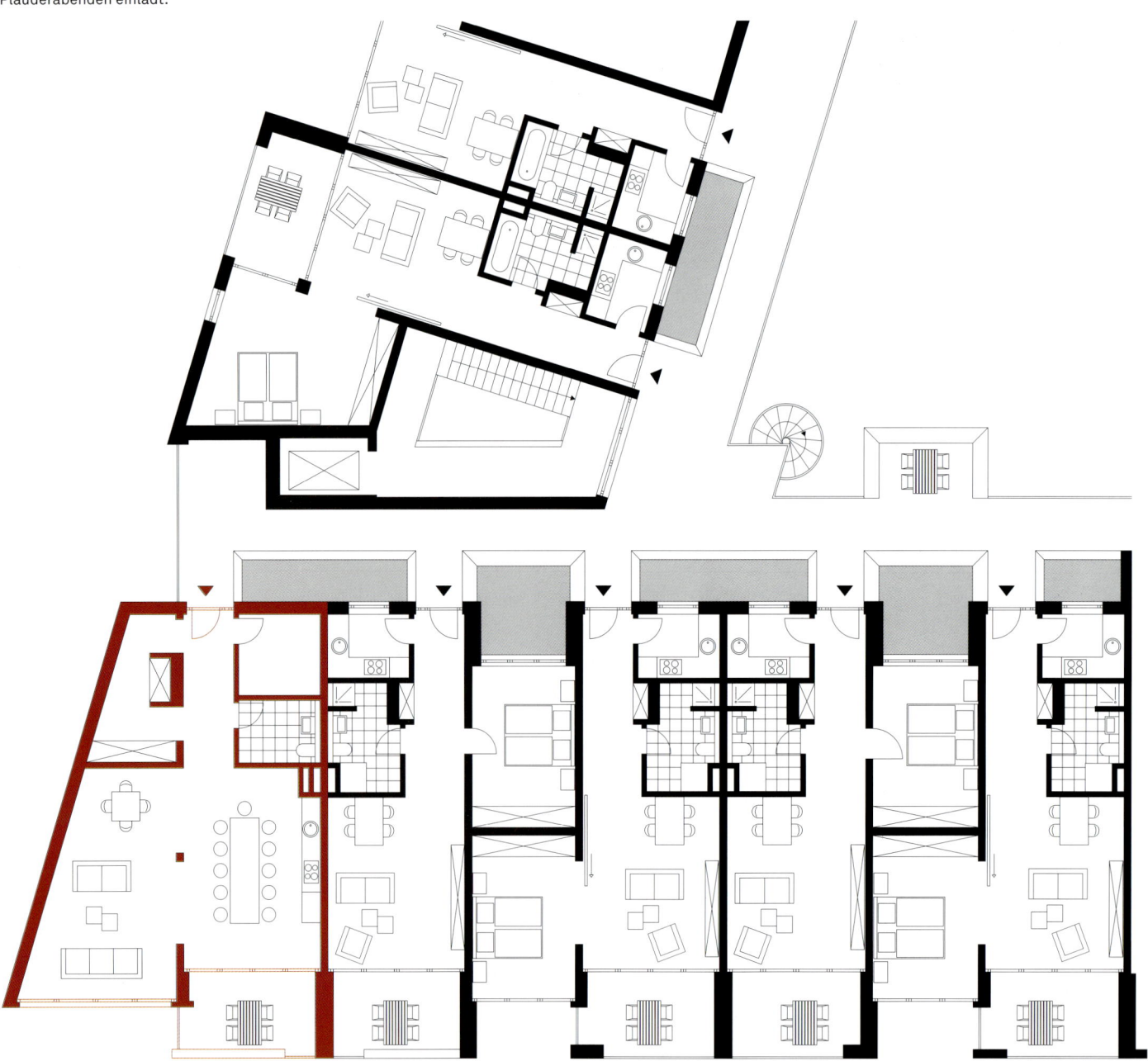

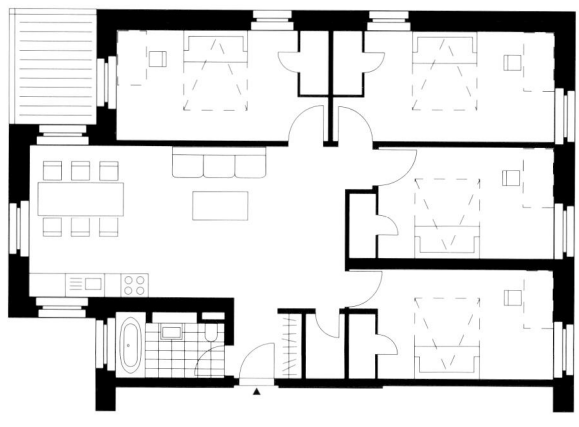

Grundriss einer Studenten-WG mit zentralem Gemeinschaftsraum, der die Kommunikation fördert und das »Alleinsein in der Fremde« verhindert.

Wohnraumprogramm für alle Generationen. Somit bleiben die Älteren Teil der übrigen, bunt gemischten Wohngemeinschaft. Sie sind nicht ausgegrenzt und genießen trotzdem die unmittelbare Nähe ihrer Alters- und Generationsgenossen.

Ist das wirklich nur eine Wohnform für Ältere? Würden nicht auch viele Jüngere, vielleicht sogar Studenten, gern in ähnlichen Gemeinschaften wohnen? Selbstverständlich folgt studentisches Wohnen, zumal in größeren Gruppen, anderen Vorlieben und Zeitplänen, die mitunter zu Konflikten führen könnten. Also keine gute Idee? Doch mit räumlicher Begrenzung und Konzentration lässt sich erreichen, dass eine gewisse studentische Bewohnerzahl eine Gemeinschaftswohnung teilt und doch Anschluss an die übrigen Strukturen hat, so dass sich ein Kontakt über die Gruppen und Generationen hinweg ergibt.

Konzeptionell verwandt ist diese Idee mit den so genannten WG-Cafés in Düsseldorf von Klaus Moskop, der in kostengünstigen, temporär leer stehenden, zentralen Altbauten sehr einfach möblierte Einzelzimmer anbietet. Die Bewohner verfügen über einen großen Kommunikationsraum und kochen zu festen Tageszeiten gemeinsam. Das Angebot richtet sich an Studenten, Praktikanten und Auszubildende aus anderen Städten, die schnell Kontakte suchen und nicht erst eine Möbelspedition buchen wollen, wenn sie einen Trainee-Aufenthalt oder ein Auslandssemester absolvieren.

Allein diese Szenenfolge macht schon deutlich: Die Menschen denken nicht mehr nur in Kategorien segregierter Wohnformen, wie zum Beispiel Altenheim und Betreutes Wohnen, Studentenheim oder Hotel. Auch wenn sie bislang noch nicht im nötigen Maß berücksichtigt wurden, kündigen sich zahlreiche Mischformen an und werden auch verstärkt nachgefragt. In ihrer Mischung können sie Nachbarschaften bereichern und sich zu komplexeren und abwechslungsreicheren Lebenswelten zusammenfügen. Die Nachfragergruppen freuen sich über entsprechend differenzierte Angebote und erschließen dem Vermieter damit einen erweiterten Kundenkreis. Das aus den USA stammende Konzept der Sun Cities, in denen nur ältere Menschen leben dürfen und die deshalb hierzulande häufig abwertend als »Altenghettos« bezeichnet werden, lehnen die meisten Senioren in Deutschland ab. Neben den unterschiedlichen Lebensformen sind es ebenso die weit auseinanderdriftenden Lebensstile, die zu einer Nachfrage nach immer neuen Wohntypen mit zum Teil sehr spezifischen Grundrisslösungen führen, diese aber auch erst möglich machen.

Wohnen ist nicht mehr länger nur die lebensnotwendige Unterkunft. Mit einem Zuhause verbindet man heute so unterschiedliche Erwartungen wie Repräsentation, Geselligkeit, Relaxen und Entspannung ebenso wie Wohlfühlen oder Arbeiten im Home Office, ausgestattet mit allen technischen Finessen und Internetanschluss.

Bei Wohnungen beziehungsweise Wohnformen für ältere Menschen sollte zumindest an die schwellenfreie Wohnung gedacht werden – sie muss nicht zwangsläufig der Barrierefreiheit nach DIN 18025 Teil 2 entsprechen, die halbwegs rüstige Menschen eher stigmatisiert als ihnen hilft. Die schwellenfreie Ausstattung von Wohnungen, idealerweise im »Universal Design« für Alt und Jung, ist für alle Generationen attraktiv; für gesundheitsbewusste Senioren ebenso wie für Familien mit kleinen Kindern. Wer alle denkbaren Ansprüche in einer Wohnung erfüllen will, sieht sich jedoch mit gewissen Grenzen der Machbarkeit konfrontiert. Doch viele Wünsche finden sich in realen Angeboten wieder.

Wer von Gründerzeitbauten träumt, freut sich über hohe Decken, Stuck und Licht, das durch die großen Fenster fällt. Denn warum sollten solche »Standards« nicht auch in Neubauwohnungen übernommen werden können? Hohe Decken, offene Raumfluchten, viel Licht und miteinander verbundene, angenehm geschnittene Räume lassen sich ebenso heute realisieren.

Zeitschriften und Bücher zur Inneneinrichtung prägen die Geschmacksbildung designorientierter Bewohner und schärfen die Vorstellung vom Besonderen. So lässt sich auf einem schmalen Grundriss eine Wohnung über zwei Etagen inszenieren, mit offener Galerie und einer mittig eingehängten Stahl-Glas-Brücke zwischen den beiden außen liegenden Zimmern. Das riesige Bücherregal mit der angelehnten Treppe nimmt die gesamte zweigeschossige Innenwand ein und lässt trotzdem noch Platz für das überhohe Gemälde von Arranz-Bravo, das nun endlich einmal zur Geltung kommt.

Auch das Thema Wellness verdient Beachtung. Nicht immer muss es gleich die Ayurveda-Beauty-Farm oder fernöstliches Feng Shui sein. Beides ist auch in der eigenen Wohnung möglich. Vorstellbar ist zum Beispiel eine kleine Sauna, deren Verglasung sich zum großzügigen Bad öffnet und die wie im Hotel durch eine halbhohe Wand abgetrennt ist. Auch kleinere Fitnessgeräte für den täglichen Sport sind an diesem Ort aufgestellt. Hier ist Zeit und Platz für die Fünf Tibeter am frühen Morgen oder am Wochenende.

Solche Vorstellungen sind nichts anderes als die Integration und Überlagerung von unterschiedlichsten Nutzungen und Wünschen, von

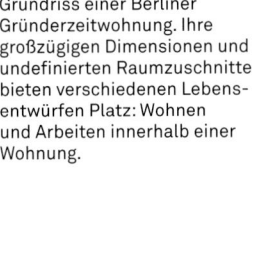

Grundriss einer Berliner Gründerzeitwohnung. Ihre großzügigen Dimensionen und undefinierten Raumzuschnitte bieten verschiedenen Lebensentwürfen Platz: Wohnen und Arbeiten innerhalb einer Wohnung.

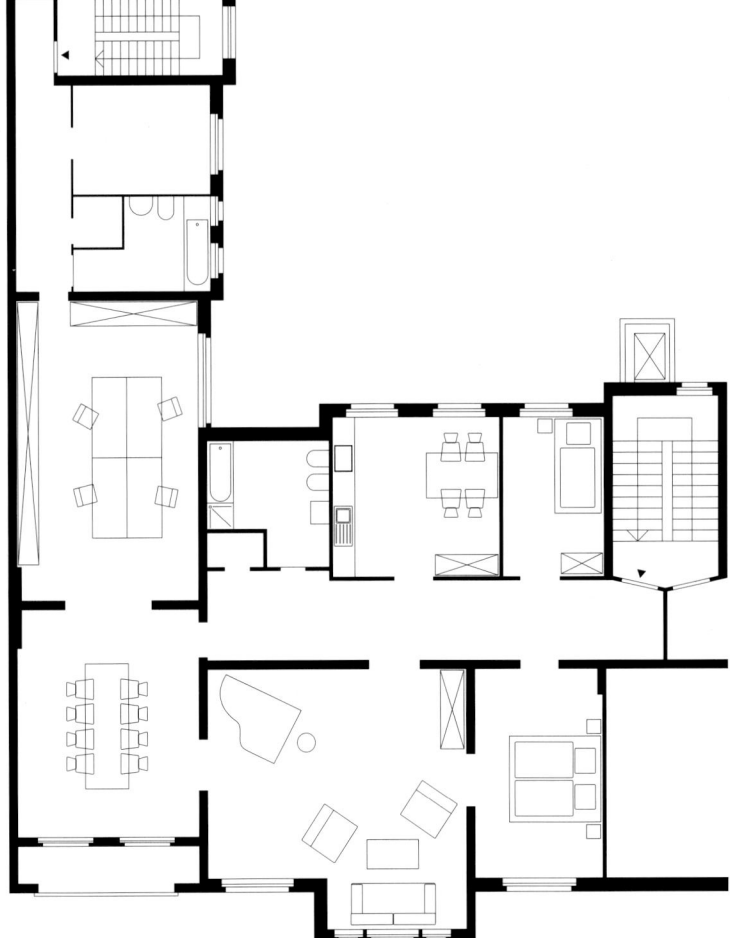

Dingen, die für das persönliche Leben wichtig geworden sind und außerhalb des alltäglichen Standards liegen. Sie erfüllen ein ganz individuelles Verlangen.

Dabei geht es noch gar nicht um die unzähligen Einrichtungsstile und Möblierungsvarianten des neuen Zuhauses. Hierzu gehören die vorgedachten Ideen der Möbelhäuser, die sich neuerdings mit dem »Navigator« mühelos auf dem Bildschirm konfigurieren lassen: Cassina, Benz, Knoll und Cappellini etc. haben ihre digitalisierten Design-Möbel in die IT-Bibliothek eingegeben.

Aber auch die Kommode der Großmutter, der Naturholztisch von habitat und die reparierte Schiffsleuchte aus dem Keller verbinden sich mit der Couch aus der Studienzeit, den Lianen des wilden Weins und dem Ficus benjamina im Wintergarten zu einem eigenen Zuhause. Es ist jedes Mal eine andere Lebenswelt, die Ausdruck in persönlichen Eigenheiten und einer individuellen Wohnumgebung findet.

Natürlich weiß der Projektentwickler, dass sich diese individuellen Vorstellungen nur bei fünf bis zehn Prozent der städtischen Bewohner wiederfinden. Meist ist die Dreizimmerwohnung das Maß der Dinge, mit dem 26 Quadratmeter großen Wohn-/Esszimmer, separatem Elternschlafraum und dem berühmten Dreimeterschrank, einem so genanntem Kinderzimmer, das kinderlose Paare zum Arbeitszimmer umfunktionieren. Noch erweist sich diese Wohnform als die am weitesten verbreitete Lösung. Doch die Suche nach Alternativen zum immergleichen Standard nimmt stetig zu, erobert den Markt und erschließt dem Kreativ-Bewohner immer individuellere Wahlmöglichkeiten.

Das vorgegebene schmale Raumvolumen bietet Anlass zu einer ausgefallenen Galeriewohnung mit Glasbrücke – und gewinnt dadurch für den designorientierten Bewohner an Attraktivität.

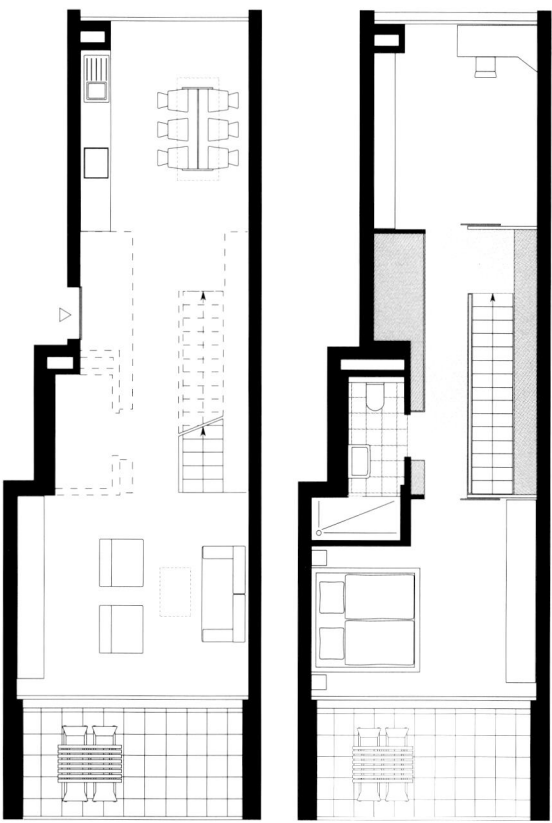

Offener Grundriss zur freien Gestaltungsverfügung mit fließenden Räumen innerhalb einer unmöblierten Struktur: der »flow« im Loft.

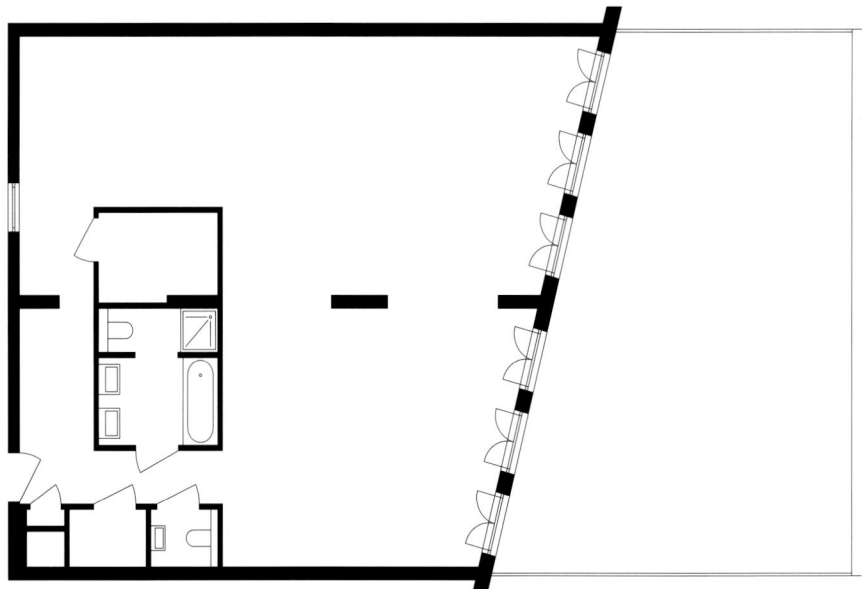

Die geringe Anzahl tragender Strukturen erlaubt eine flexible Raumaufteilung je nach Bedarf. Variante 1 mit offenem Wohn- und Essbereich.

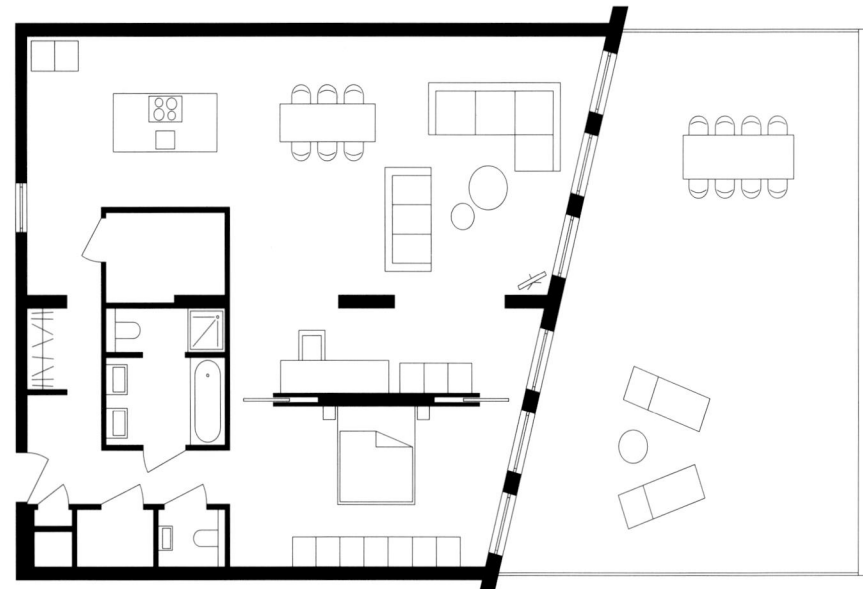

Variante 2 sieht ein differenziertes Raumprogramm mit abgeschlossenen Bereichen nach konventionellem Muster vor. Nach: Detroit. Amsterdam. AWG Architecten, Maastricht 2005, S. 40.

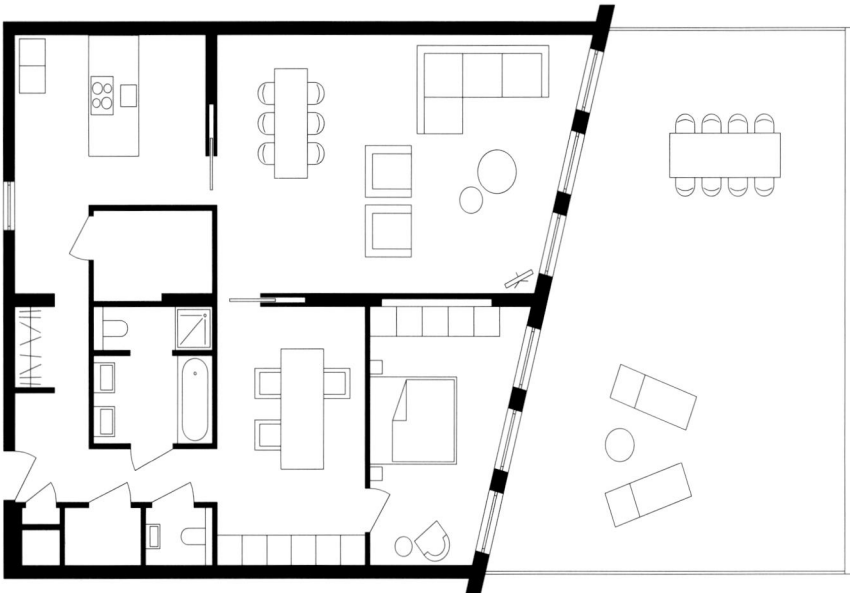

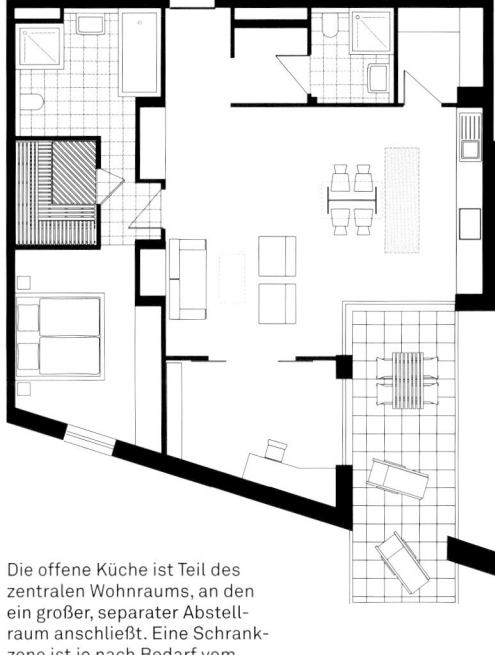

Die offene Küche ist Teil des zentralen Wohnraums, an den ein großer, separater Abstellraum anschließt. Eine Schrankzone ist je nach Bedarf vom Schlafzimmer und vom Wohnraum aus nutzbar. Ein variabler Funktionsraum zwischen Schlaf- und Badbereich lässt sich zur Ankleidekammer oder Sauna mit Glastür zum großen Wellnessbereich ausbauen. Schiebetüren lassen Wohn- und Arbeitsbereich optisch größer wirken.

Smarter Wohnen – IT-Solutions im Wohnungsbau

In der Arbeitswelt und im Freizeitbereich sind die neuen Medien schon lange angekommen. Drei von vier Haushalten in Deutschland besitzen mittlerweile einen Computer, mehr als 60 Prozent der Deutschen nutzen das Internet und fast jeder Haushalt ist mit mindestens einem Mobiltelefon ausgestattet. Was liegt also näher, als auch im Wohnungsbau Technologien einzusetzen, die den häuslichen Alltag komfortabler, sicherer und bequemer gestalten? Jedoch muss hier sehr genau abgewogen werden zwischen dem technischen Machbaren und dem, was die Bewohner wirklich als Mehrwert für ihre Wohnung empfinden. Denn nicht alles wird in den eigenen vier Wänden als Bereicherung wahrgenommen. Vieles wird als bloße »Spielerei« oder technische Überforderung von den Menschen abgelehnt. Maßnahmen jedoch, die helfen, Betriebskosten und Energieverbrauch zu senken, die Umwelt zu schonen und Komfort und Sicherheit zu erhöhen, stoßen bei einer großen Anzahl von Haushalten auf großes Interesse.

Erste Wohnungsunternehmen implantieren gemeinsam mit den Fraunhofer-Instituten ISST (Dortmund) und IMS (Duisburg) intelligente Haustechnik in den Wohnungen ihrer Mieter. Bei diesen Projekten geht es nicht um den Kühlschrank, der selbstständig Lebensmittel bestellen kann, oder um die Badewanne, die sich per Fernsteuerung befüllen lässt. Es geht vielmehr um Technologien, die relativ einfach zu handhaben sind, weniger Technikaffinität voraussetzen und in erster Linie der Sicherheit dienen. So kann über ein Panel an der Haustür die Elektrik des Hauses gesteuert werden. Hier wird zum Beispiel angezeigt, ob der Herd noch eingeschaltet oder ein Fenster geöffnet ist. Die Technologien dienen vor allem der Sicherheit der Bewohner und stoßen deshalb auf eine hohe Nachfrage.

Maßnahmen hingegen, die ein höheres Maß an Technikaffinität voraussetzen, finden oft eine geringere Akzeptanz. Neue Technologien können vor allem für ältere Menschen einen deutlichen Gewinn an Lebensqualität bedeuten, da mit ihrer Hilfe Senioren häufig ermöglicht wird, länger ein eigenständiges Leben in den eigenen vier Wänden zu führen. Allerdings ist vor allem bei dieser Zielgruppe die Technikaffinität sehr gering, so dass technische Maßnahmen überdurchschnittlich häufig auf Ablehnung stoßen. Daher sind vor allem hier technisch einfach zu handhabende Lösungen gefragt.

Prinzipiell gilt: Der Grad der technischen Ausgestaltung der Häuser muss sich an der Zielgruppe des Projekts orientieren.

2.6
Wohngemeinschaften und soziale Netzwerke

Der Ruf nach Wohngemeinschaften für alle Altersgruppen wird zunehmend lauter. Es gibt kaum noch einen Studenten, der nicht in einer WG mit anderen Kommilitoninnen und Kommilitonen zusammenwohnen will und diese Form der eigenen Wohnung oder dem Studentenheim vorzieht, wo man der anonymen Unordnung in Küche und Gemeinschaftsräumen nicht ausweichen kann.

Selbst bei den Alten und Älteren wird der Wunsch nach einem Wohnen in kleinen und kleinsten Gruppen immer größer, auch wenn sie zumeist noch Angst vor einer verpflichtenden Bindung an eine solche Gemeinschaft oder Immobilie haben. Doch sie stellen sich andere Fragen. Wie geht es weiter mit dieser Freundesgruppe, wenn ein Mitglied ausfällt, nicht mehr will oder gar verstirbt? Wer kommt danach – und wird er oder sie genauso gut in diese Gemeinschaft passen?

Diese Wohngemeinschaften sind eine mit vielen Erwartungen versehene Alternative zum Alleinsein im Alter, weil die Familie zu weit entfernt ist und die Verwandten oder Freunde sich mental immer mehr entfernen. Verstärkt wird diese Entwicklung nicht nur durch die zunehmend defizitäre Versorgung durch den Staat, sondern auch durch demografische Entwicklungen. Wenn immer weniger Kinder geboren werden, steht einer großen Seniorengeneration irgendwann eine zahlenmäßig ungleich schwächere jüngere Altersklasse gegenüber, die den Fürsorgeanforderungen nicht gewachsen ist. Emotionale Defizite sind dann unvermeidlich.

In Großsiedlungen kommunaler Wohnungsbaugesellschaften haben die Bewohner langjährig gewachsene soziale Beziehungen zu ihren Nachbarn. Indem die räumlichen Abstände zwischen den Siedlungsriegeln mit Wohnwelt-Bausteinen verdichtet werden, lassen sich diese emotionalen Bindungen intensivieren und in die Zukunft verlängern. Das Einfügen von Reihenhäusern führt zu einer intergenerationalen Durchmischung der Bewohnerschaft. Nachträgliche bauliche Aufrüstungen wie Schwellenfreiheit, das Zur-Verfügung-Stellen von Gemeinschaftsräumen und vielfältige Dienstleistungsangebote – derartige Maßnahmen können insbesondere ältere Menschen an ihre angestammte Umgebung binden. In Wohnzonen in den Niederlanden werden Wohnen und ambulante Dienstleistungen mit angeschlossenen ambulanten Pflegediensten sowie den entsprechend vorgelagerten Beratungs- und Versorgungsangeboten vernetzt. Viele dieser Serviceangebote sind auch für die Jüngeren interessant.

Klein angelegte, gruppenweise Wohnformen lassen sich durchaus in größere Zusammenhänge integrieren, sowohl nachträglich in Großsiedlungen wie auch in umfänglichere Neubauprojekte. Während wir sonst vorzugsweise an Häuser mit jeweils zwei Wohnparteien auf einer Etage denken, um das Wohnen übersichtlich und überschaubar zu halten, ließe sich in das Nachbargebäude ein Haustyp integrieren, der mehreren Bewohnern auf einer Etage mit kommunikativen Wohnwegen unterschiedliche Begegnungsmöglichkeiten im Alltag offeriert. Ein kleiner Gemeinschaftsraum könnte dieses Angebot ergänzen, mit Küche und Hi-Fi-Anlage sowie einem großem Bildschirm: So entstünde ein zwangloser Treffpunkt, der nach Bedarf und Gusto genutzt werden kann.

Die Geschosse darunter oder darüber bleiben wieder der durchschnittlichen städtischen Mischung vorbehalten: Einzelbewohner jeden Alters, Ehepaare und kleinere Familien. Vielleicht ergeben sich auch spontane Kontakte zwischen den Generationen, wenn zum Beispiel die Älteren den Jungfamilien Unterstützung bei der Kinderbetreuung anbieten.

Die Verbindung zum landschaftsgärtnerisch gestalteten Innenhof in Form eines begrünten Laubengangs dient der Seniorenwohngruppe als zusätzlicher Kommunikationsraum.

Gemeinschaft kann auch wachsen durch die Gründung einer Wohn- oder Hausgruppe, organisiert als partizipative Baugruppen mit einem gemeinsam ausgewählten Architekten mit starken Nerven und viel Idealismus für demokratische Entscheidungsprozesse als zentraler Mittlerfigur. Eigentumsrechtlich bietet sich die Form einer Genossenschaft an, in der jedes Mitglied wirtschaftlich und mit eigener Muskelkraft dem anderen hilft. Bei diesen Modellen schweißt die gemeinsame Anstrengung alle jene zusammen, die diesen oftmals steinigen Weg gegangen sind.

Eine Alternative zu diesen selbstorganisatorischen Formen kann auch die professionelle Unterstützung sein, die von einem zentralen Servicepoint geboten wird und in enger Abstimmung mit den Bewohnern oder mit ehrenamtlicher Unterstützung erfolgt.

2.7
Verwaltung und Service

Eine gut funktionierende Immobilienverwaltung entscheidet auf lange Sicht über den Erfolg eines Projekts. Sie begleitet das Projekt über seinen längsten Lebensabschnitt, die Jahrzehnte nach der baulichen Fertigstellung, die Zeit der Nutzung. Dabei erweist sich die »Integrierte Verwaltung« als ideal für den Kunden, den Bewohner: Projektentwicklung, WEG-Verwaltung, eventuell Objektbetreuung und Hausmeisterdienste sowie individuelle Serviceleistungen und haushaltsnahe Dienste – alles aus einer Hand, von einem Unternehmen.

Eine für alles verantwortliche Seite als umfassender Ansprechpartner ist nicht nur für die Planung der Fußmatte im Hauseingangsbereich verantwortlich, sondern leistet auch das Fensterputzen im Treppenhaus, die kleinteilige Mängelbeseitigung sowie eine korrekte Berechnung der jeweiligen Verbrauchskosten. Doch dieses umfassende Konzept stößt nicht nur auf Begeisterung. Schnell fragt der Kunde, also der Käufer oder Mieter, überaus misstrauisch, ob die interne Unternehmensverflechtung des Projektentwicklers wirklich zu seinem Vorteil ist und nicht zu dem des Unternehmens. So tragen die Kunden Sorge, dass die unternehmenszugehörige Verwaltung den eigenen Bauträger decken könnte, wenn es um die lückenlose Beseitigung der Mängel geht, oder die Verwaltung sich nicht hinreichend Mühe gibt, weil sie schon per Kaufvertrag eine gesetzte Größe ist und sich daher nicht bewähren musste. Dies mag aus der subjektiven Sicht der Bewohner oder im Fall begründeter Tatbestände richtig sein. Weniger bekannt sind dagegen die Gründe und Argumente des ganzheitlich handelnden Unternehmens. Denn es sieht gerade in diesem umfassenden Ansatz die Chance für beide Seiten. Der Unternehmer weiß sehr wohl, dass er heute seine Kunden bevorzugt über Empfehlungen gewinnt – und das sind immer nur zufriedene Kunden! Deshalb bildet jede neue, von ihm verwaltete WEG-Gemeinschaft den Grundstock für zukünftige Käufer. Denn er bindet zugleich nur zufriedene Kunden als Mieter. Der Unternehmer weiß sehr gut, dass er immer größere Anstrengungen aufbringen muss, um Kunden zu gewinnen. Dabei bergen die unendlich vielen kleinen Arbeitsschritte von der Wohnungsplanung, der Sonderwunschberatung und Mängelbeseitigung über die mängelfreie Wohnungsübergabe bis hin zur kleinteiligen Abrechnung der Bewirtschaftungskosten und ihrer vertragskonformen Zuordnung vielfältige Möglichkeiten, Fehler zu machen und Unzulänglichkeiten zu übersehen. Jede einzelne Unzulänglichkeit kann beim Kunden alle Bemühungen der Dienstleistungskette wieder in Frage stellen.

Grundsätzlich gilt: Nicht mehr die Optimierung der eigenen Verwaltungsergebnisse im Unternehmen steht im Vordergrund, selbst wenn sie eine Kostensenkung für den Kunden bedeutet, sondern die optimale Erfüllung aller Kundenwünsche. Verwaltung als echte Kundenbetreuung, als umfassendes Customer Relationship Management CRM.

Lebenswelten, quartiersbezogene Gemeinschaften kommunizieren sehr schnell und schonungslos, wenn versprochene Dienstleistungen nicht erfüllt und die Anforderungen nicht oder unzureichend verstanden und umgesetzt werden.

Fachliches Know-how, kontinuierliche Schulung im Bereich IT-Technik und rechtliche Fortschreibungen gehören zu den Selbstverständlichkeiten. Die Schwierigkeiten entstehen an den Schnittstellen zu den angrenzenden Unternehmensbereichen, wenn es um die Weitergabe der Informationen und die reibungslosen Folgeaktionen geht: Wie gut fühlt der Kunde sich verstanden, wie schnell wird sein Anliegen bearbeitet? Wie gut wird er mit Informationen versorgt, wenn nicht gleich Abhilfe geschafft werden kann? Es ist eine Frage der funktionierenden Kommunikation. Denn die meisten Kunden sind sehr verständig, wenn man ihnen die eigenen Probleme erklären und darlegen kann – und dies auch tut.

Institutionelle Investoren haben inzwischen die kreative Neubauwohnung in attraktiver Innenstadtlage mit langfristig sicherer Miete und geringstem Mietausfallwagnis als sichere Beimischung zu ihren Investment-Portfolios entdeckt. Bislang stellte aus ihrer Sicht die komplizierte Verwaltung und Handhabbarkeit die Achillesferse der kleinteiligen Wohnimmobilien dar. Das Sich-Kümmern um die einzelne Wohnung beziehungsweise um den einzelnen Bewohner hatte keinen Platz im Selbstverständnis der milliardenschweren Immobilien-Portfolios. Eine nachvollziehbare Einstellung, gleichwohl völlig konträr und kontraproduktiv zur eher langfristigen Lebenswelt-Philosophie. Denn genau hier brauchen die institutionellen Anleger einen engagierten, professionellen Partner, der den einzelnen Bewohner nicht aus den Augen verliert und umfassende, absolut verlässliche Dienstleistungen auf allen Entwicklungsebenen garantiert. Wer mehrere Hundert und Tausend Wohnungen als renditesicheres Investment für seine Kunden, also Versicherungsnehmer und Kapitalanleger, kauft, kann sich nicht um den »tropfenden Wasserhahn« in einer einzelnen Wohnung kümmern. Er muss seine Immobilie in zuverlässigen Händen wissen, die Verwaltung und Instandhaltung auf hohem Niveau gewährleisten. Dies ist eine Grundvoraussetzung für Wohnungserwerb in solch einem Maßstab. Denn am Ende interessiert diesen Investor nur der sichere Scheck am Monatsende – mehr nicht.

Service

Es ist eine völlig offene und kontrovers diskutierte Frage, ob Service und Dienstleistungen das altersdurchmischte Komfort-Wohnen wirklich bereichern oder nur teurer, belastender und erdrückender machen, ohne dass es einen Zugewinn an Lebensqualität gibt. Ein vielversprechender Ansatz besteht darin, neue Bündnisse zu schaffen. Hierbei sind verschiedene Akteure wie Wohnungsunternehmen, Bauträger und soziale Dienstleistungsträger gefragt, neue, innovative Kooperationsformen für Service-Einrichtungen zu entwickeln.

Dienstleistung im konventionellen Wohnungsbau hat schließlich einen ganz anderen Stellenwert als im Betreuten Wohnen, im Wohnstift oder im Pflegeheim. Hier ist Service zunächst identisch mit notwendiger Pflegeleistung und Hilfestellung, die Menschen aufgrund ihrer aktuellen Lebenssituation im Alter benötigen. Zusätzlich können sich um diesen Service angenehme Zusatzleistungen ranken, die das Leben angenehmer und komfortabler machen. Aber Ausgangspunkt bleiben die altersbedingten Notwendigkeiten, auf die man in diesem Lebensabschnitt angewiesen ist und bleibt.

Diese notwendige Pflege hat der Staat bislang durch die Pflegeversicherung mehr oder weniger dauerhaft und auskömmlich per Gesetz geregelt. Die emotionale Qualität, die persönliche Nähe dieser Pflege hängt ganz von den Betroffenen ab, sowohl von der Zugänglichkeit und Lebensfreude der pflegebedürftigen Person als auch von der menschlichen Güte und Einsatzfreude der Pflegekraft. Ob die Pflege in der Geborgenheit durch die dadurch doppelt geforderte Mehrgenerationenfamilie intensiver ist als die »bezahlte« Pflege im Heim mit eigens ausgebildetem Pflegepersonal, hängt vom Einzelfall ab.

Die meisten älteren Menschen wollen ihr vertrautes Wohnumfeld nicht mehr wechseln und schon einfache Serviceleistungen ermöglichen vielen von ihnen, länger in ihrer angestammten Wohnung zu bleiben. Sie bieten eine Lösung, die allemal sehr viel kostengünstiger ist als die Inanspruchnahme umfassender ambulanter oder gar stationärer Pflegeversorgung. Das Angebot haushaltsnaher Dienstleistungen wie Einkaufsservice, Seniorenfahrdienste etc. trägt zur Erhaltung und Förderung der Beständigkeit und Vertrautheit bei, ein Aspekt, dem bei einer Vielzahl der Betroffenen eine ganz zentrale Bedeutung beizumessen ist. Service im Wohnungsbau für alle Generationen, individuell wählbare haushaltsnahe Dienstleistungen auf Abruf, vielfältig erweiterbar um die Kleinigkeiten des Alltags, werden von vielen Bewohnern bereits gewünscht und auch von vielen Projektentwicklern als Wunsch bei den Bewohnern vermutet. Wenn diese Bewohner bereit wären, dafür zu bezahlen, wäre dies ein riesiger Markt. Doch fehlt bei der Mehrheit in Deutschland die Akzeptanz, hierfür auch nur kleine Beträge auszugeben, solange die anfallenden Tätigkeiten irgendwie selbst erledigt werden können oder Nachbarn sich kostenlos gegenseitig helfen.

Häusliche Dienstleistungen im Wohnungsbau können oder wollen sich bislang nur wenige leisten – und wenn, so sind es vorrangig die Älteren: Nur zwölf Prozent der Jung-Senioren (50–64 Jahre) und 16 Prozent der Ruheständler (65 Jahre und mehr) nehmen einen derartigen Service in Anspruch.[10] Zusammen ist das immerhin ein Viertel bis zu einem Drittel aller Bewohner. Allein das Wohnen wie im eigenen Haus, sich aber nicht wie ein Eigentümer um alles kümmern zu müssen, ist bereits ein geschätzter Komfort. Für die Jüngeren wächst der bescheidene Anteil zwar kontinuierlich, aber weitaus langsamer: Es ist auch eine Frage der Gewöhnung, die Bequemlichkeiten einer regelmäßigen Wohnungsreinigung durch Servicepersonal oder des fremden Caterings für die eigene Geburtstagfeier in Anspruch zu nehmen.

Welche Chancen haben solche Dienstleistungsangebote, sowohl für die Bewohner wie auch für die Dienstleistungserbringer? Auch hier gilt, dass ein Mehrwert nicht für jeden gelten, sondern seine spezifische Ansprechgruppe finden muss. Vielfach werden die Bewohner solche Annehmlichkeiten noch nicht erfahren haben, weil sich kein Anbieter in diesen wirtschaftlich schwierigen Markt hineinwagt und ihm die Risiken zu groß erscheinen beziehungsweise kaum positive Erfahrungen vorliegen.

Malen wir einmal das Bild eines stadtzentral gelegenen Entwicklungsgebiets. Reden wir von einer Rezeption, hotelähnlich, im Erdgeschoss eines Hauses, die zur Kosteneinsparung nur stundenweise besetzt ist. Sie ist Anlaufstation für persönliche Wünsche; nicht nur Telefon und Anrufbeantworter, sondern unmittelbare Kommunikation, die man auf Dauer schätzen und lieben lernt. Hier kann der Bewohner seine Post abholen, wenn er aus dem Urlaub zurückkehrt, oder um die Betreuung seines Haustiers während seiner Abwesenheit bitten. Er kann seine Wäsche abgeben und am nächsten Tag fertig gebügelt wieder in Empfang nehmen, seine Wohnung reinigen, seine Fensterscheiben putzen lassen. Für Arbeiten in seinem Minigarten kann er den Hausmeister fragen. Eine zunehmende Anzahl von Menschen verbringt ihren beruflichen Alltag im eigenen Arbeitszimmer zu Hause, im Home Office. In besagtem Haus könnte auch eine kleine Konferenz oder eine Besprechung mit Geschäftspartnern stattfinden, denn hier steht ein Multifunktionsraum zur Verfügung, auf Wunsch auch mit Catering, gleich neben dem Servicepoint. Auch für die Freizeit sind Räumlichkeiten vorhanden. Neben Sauna oder Bastelraum gibt es auch ein Gästeappartement.

Unterschiedliche Wohnformen und Nutzungen erfordern unterschiedliche Serviceangebote. Die verschiedenen Bewohner haben je nach Alter und Lebenslage sehr differenzierte Ansprüche an ihre Wohnumgebung.

(altersspezifische) Bauformen	(altersspezifische) Serviceleistungen
Kindergarten	Privater Ganztagskindergarten/Kinderbetreuung mit Krabbelstube, organisierte Kindergeburtstage, Kooperationspartner für Kursangebote (z. B. Schwimmen, Gymnastik, Ernährungsberatung)
Schule	Private Schule, Kinderbetreuung, Hausaufgabenbetreuung, individuelle Nachhilfe, Ferienfreizeitangebote
Jugendtreff 12–17 Jahre	Beschäftigungsangebote: Sport, Musikband, Tanzen, Kochen, Basteln/ Werken für Geburtstage, Weihnachten, Halloween, Karneval, Malen, Handarbeit, Gesellschaftsspiele, Sprachreisen, Ferienfreizeitangebote, Außensportanlagen auf Gelände
Studentenwohnheim	Serviceunterstütztes Wohnen im (weitgehend) eingerichteten Studentenappartement mit Einbauküche, Internet- und Telefonanschluss, Waschmaschine/Trockner (Markenverkauf), Gemeinschaftsraum, Jobvermittlung
Einsteigerappartement	Reinigung Appartement, Urlaubsdienste, Wäscheservice, offenes Serviceangebot
+ Zweitwohnung (beruflich bedingt)	Mini-Küche, Bügeldienst
+ Mini-Boarding-House	Einkaufsservice nach Vorbestellung
Reihenhausanlage	Gemeinschaftshaus für Feiern, Catering-Service, Percussion etc., Pflege der Außenanlagen, Miete, Freizeiteinrichtungen, Sicherheitsdienste; bewohnerabhängig: Kinderangebote, Gästeappartements, Reinigung
Einfamilienhaus frei stehend	Gärtnerische Dienste, Urlaubsdienst, Reinigungsdienst, Sicherheitsdienst, Handwerkerdienste einschl. Werkzeugauto
Komfortwohnung	Offenes Serviceangebot, Concierge, Sicherheitsdienste, Delivery Box
Penthouse	Offenes Serviceangebot, Concierge, Sicherheitsdienste
Kleinerer Alterssitz	Offenes Serviceangebot, Fahrdienste, Unterstützung bei Pflege, Essen
Wohngruppe	Offenes Serviceangebot, Bringdienste, Seniorenreisen, Seniorensport, Sprachkurse, Foto-AG
Pflegeheim	Pflegedienste, angeschlossen, ambulant
Lebenswelten	Vor Ort Organisation der unterschiedlichsten Dienstleistungen, Pflege; Unterhalt von (halb-)öffentlichen Einrichtungen: Schwimmbad, Club, Fahrradverleih, Shuttleservice etc., »Center-Management«

10 Vgl. Opaschowski, Horst W.: Besser leben – Schöner wohnen? Leben in der Stadt der Zukunft, Bonn 2005.

Der Bewohner hat viele Gründe, um an der Rezeption vorbeizuschauen, dort einen Kaffee zu trinken. Keine Service-Perfektion wie im Grand Hotel, aber ein selbstverständlicher, natürlicher Umgang miteinander. Denn vielleicht trifft man dort noch einen Mitbewohner, per Zufall oder auf ein kurzes Schwätzchen. In jedem Fall aber bekommt das Wohnumfeld ein Zentrum, einen kleinen, liebenswürdigen Mittelpunkt, der menschliche Vertrautheit und Begegnung zu einem Teil des Alltags werden lässt.

Service kann also mehr sein als bloße Notwendigkeit. Er bedeutet auch emotionaler Mehrwert und erlaubt so eine tiefer gehende Identifikation mit dem persönlichen Wohnumfeld. Service in Form niedrigschwelliger Dienstleistung, mit geringstem Kosteneinstand, doch mit dem Charme, darüber hinaus nur das bezahlen zu müssen, was der Bewohner wirklich in Anspruch nehmen will, ohne eine weitere Verpflichtung einzugehen. Ein solcher Service macht einige Wohnformen erst möglich, die ohne externe Dienstleistungen zu viele Nachteile hätten. Auch für eine Senioren-WG könnte ein analoger Hilfsdienst sehr passend sein. Er könnte täglich oder wöchentlich, je nach Wunsch, den Gemeinschaftsraum reinigen, einkaufen, kleinere Fahrdienste arrangieren oder vielfältige andere Serviceleistungen offerieren. Verteilt auf fünf bis zehn Parteien ist dies eine erschwingliche Maßnahme und zugleich eine große lebenspraktische Erleichterung.

Ein so verstandener Service kann auch die Rolle des Initiators übernehmen und zum Beispiel das jährliche Sommerfest organisieren. Er kann Aktivitäten anregen, an denen sich die Bewohner beteiligen. Dabei kann er steuern, organisieren und zur Eigenhilfe ermuntern. Das bringt bisweilen auch Menschen unterschiedlichen Alters zusammen, bedeutet Kommunikation und lässt Vertrautheit untereinander entstehen.

Vermutlich werden solche Dienste nicht zum großen Reichtum der Service-Gesellschaft führen; doch für eine gewisse Zufriedenheit reichen solche Angebote allemal, besonders in einer etwas größeren Wohnbebauung. Für freundliches Servicepersonal vor Ort könnte es zu einer sehr befriedigenden Arbeit werden, da hierdurch Menschen »zusammengeschweißt« werden. So könnte sich so etwas wie eine »gute Seele der Gemeinschaft« entwickeln.

Und mit einem Mal trägt dies auch dazu bei, dass sich die Bewohner in dieser Umgebung zu Hause fühlen, dass Mieter oder Eigentümer besonders verbunden sind und sich gründlicher überlegen, ob sie dieses Zuhause so schnell wechseln.

Im größeren Maßstab kann die »Club-Idee« diese Funktion des Service erweitern und fortführen. Mehr noch als ein herkömmlicher Service, der eher die Nachfrage berücksichtigt, erwartet man hier das aktive Arrangieren von Kommunikation, von Events und Anlässen. Der Club will ein Wir-Gefühl und Zusammengehörigkeit erzeugen. Über das einzelne Wohnungsbauprojekt hinausgreifende Ideen sind gefragt: das Bridgeturnier, die unterschiedlichen Kursangebote vom Internet bis hin zu Fremdsprachen, die Künstler für das Brasilienfest im Sommer oder der wandernde Weihnachtsmann von einer Adventsfeier zur anderen. Der Club, in welchem Design auch immer, kann das Wir-Gefühl über das einzelne Projekt hinaus fördern und das gesamte Unternehmen prägen. Er wird selbst zur »Marke« und trägt bei zur Identifikation mit dem Unternehmen. Der Club könnte zum Beispiel mit seinen Reiseangeboten zum Bindeglied zwischen den Lebenswelten werden. Zugegeben: eine ferne Vision, jedoch eine realistische.

2.8
Ökologie und Nachhaltigkeit

Holzhaus im Vorarlberg, Österreich. Die Verwendung von lokalen, nachhaltigen Materialien
und die Nutzung regenerativer
Energiequellen (Photovoltaik)
qualifizieren dieses Wohngebäude zu einem Öko-Haus.

In der frühen, eher »rustikalen« Ausprägung ökologischer Siedlungen wurden nahezu alle Möglichkeiten umweltbewusster Bau- und Lebensformen von überzeugten Ökologen gleichzeitig ausgeschöpft: von der Holzbauweise mit begrüntem Dach und Lehmwänden zur natürlichen Energiegewinnung über die integrierte Heizungsanlage, die bunte Gartenwiese bis hin zum gemeinsamen, privat organisierten anti-autoritären Kindergarten. Ein ganzheitliches Konzept, doch ohne Frage auch eine auf sich selbst bezogene, abgeschlossene Lebenswelt, die aus heutiger Sicht nur einer kleinen Schar weltanschaulich aufeinander abgestimmter Bauherrengemeinschaften in Eigeninitiative vorbehalten bleibt. Diese Siedlungen gedeihen vor allem in suburbanen und ländlichen Regionen immer noch deutlich besser als in der Stadt.

Mittlerweile ist das Thema Ökologie und Nachhaltigkeit bei Vielen angekommen. Immer mehr Menschen realisieren die wachsende Bedeutung von Umwelt- und Klimaschutz. Neuartige Wohnkonzepte und Technologien, die Energie auf alternativem Wege erzeugen, spielen daher auch im Bereich Wohnen eine immer größere Rolle. Denn private Haushalte verursachen 20 Prozent des gesamten Energiebedarfs in Deutschland.

Die Agenda 21, das umweltpolitische Aktionsprogramm der »Konferenz für Umwelt und Entwicklung« der Vereinten Nationen aus dem Jahr 1992, bestimmt zunehmend unser Denken und Handeln auch im Wohnungsbau. Sie ist heute schon zum Allgemeingut geworden. Dort, wo sie in eine stringente Lebensform umgesetzt wird, verbindet sie gleich denkende Menschen. Das Bedürfnis, Ökologie und Nachhaltigkeit zu berücksichtigen, ist differenzierter geworden und lässt auch Präferenzen entstehen. Der eine entscheidet sich für die geothermische Heizungsanlage, der andere bevorzugt die Solarzellen auf dem Dach, der Fachingenieur rät vorrangig zum KfW-60-Haus.

Holzhaus im Vorarlberg, Details.
Hier dominieren natürliche
Materialien, große Glasfronten –
und die Nähe zur Natur.
Bauherr in Eigenleistung:
Mackowitz,
Architekt: Bruno Spagolla

Die Solarssiedlung »Am Schlierberg« in Freiburg: Auch großdimensionierte Bauvorhaben wie diese Wohn- und Geschäftsbebauung lassen sich mit einer vorbildlichen Ökobilanz realisieren.
Architekt: Rolf Disch Architekturbüro, Freiburg

Lebenswelten auf der Grundlage ökologischer Grundwerte und Überzeugungen verlangen heute Bereitschaft und Know-how für vielfältige Lösungswege. Während für den einen Bewohner die unmittelbare Energieeinsparung im Vordergrund steht, denkt der andere an seine »energetische Altersvorsorge«. Die Verantwortung gegenüber zukünftigen Generationen überwindet zudem erfreulicherweise auch viele politische Hürden. Eine erzwungene Ökologisierung wie zum Beispiel die in Nordrhein-Westfalen geplanten Solarsiedlungen erweist sich dagegen als kontraproduktiv, wollen die Kunden doch in erster Linie ein Haus kaufen und nicht die obligatorische Solaranlage.

Die zukünftige Projektplanung darf sich nicht allein auf Einzelmaßnahmen im Bereich des ökologischen Bauens beschränken, sondern muss sich auf größere Projekte wie Quartiere und Siedlungen erstrecken, ohne die Einzelmaßnahmen aus dem Auge zu verlieren. Dadurch kann der Vorteil vernetzter Gesamtkonzepte besser genutzt werden. Ökologisches Bauen muss Bestandteil des gesamten Bauens werden und durch Innovation auch in ökonomischer Hinsicht zum herkömmlichen Bauen in Konkurrenz treten. Doch noch beweist sich die Ernsthaftigkeit der ökologischen Grundüberzeugungen an der Bereitschaft, die beträchtlichen Mehraufwendungen diesbezüglicher Maßnahmen in Kauf zu nehmen und der langfristigen Kosteneinsparung sowie der ökologischen Verantwortung den Vorzug zu geben. Wo diese Ernsthaftigkeit gegeben ist, wird Ökologie auch für Lebenswelten an Bedeutung gewinnen können. Spezielle Förderprogramme der Bundesländer und der Kreditanstalt für Wiederaufbau (KfW) unterstützen schon heute Privathaushalte bei der Installation umweltschonender Technik auf Basis erneuerbarer Energien in den eigenen vier Wänden.

Betrachten wir Ökologie, Klimaschutz und Nachhaltigkeit als Parameter solch einer grundlegenden Geisteshaltung, so lassen sich ihr besondere Affinitäten zuordnen: die Verdichtung der Bauweise anstelle ausufernden Siedlungsbaus, die Auswahl von Naturmaterialien für die Außenverkleidung, natürliche Dämmmaterialen zur Energieeinsparung, die blauen Solarzellen als gestalterisch integrierter Baustein der Architektur, die mit Wein, Efeu oder Glyzinien bewachsene Hausfront anstelle einer makellos glatt geputzten Fassade, die mäandernde Regenwasserversickerung als ein wichtiger Bestandteil der Außenanlagen, die freie Wegeführung mit wassergebundenem, versickerungsfähigem Gehbelag anstelle des quadratischen Rasters aus Betonsteinplatten, die bunte Blumenwiese neben der schilfbestandenen Sumpfzone des neu angelegten Sees anstelle einer perfekten Rasenfläche. In der Summe dieser Bausteine wird der Geist der Ökologie spürbar. Er bildet die Seele, den Ursprung einer solchen Lebenswelt. Hier wohnt nur, wer sich dafür öffnet.

Wir werden uns darauf einstellen müssen, dass auch der Gesetzgeber den Ausbau ökologischer, insbesondere aber energiesparender und energiegewinnender Maßnahmen kontinuierlich vorantreiben wird, schon allein, um die Abhängigkeit von fremden Energieressourcen zu reduzieren. »Vom Jahr 2012 an sollen sie [die Hausbesitzer, Anm. des Autors] gesetzlich verpflichtet werden, dreißig Prozent ihrer Heizenergie aus regenerativen Quellen zu beziehen – von Windkraft über Geothermie bis zu Solaranlagen.«[11]

Innovative Projektentwickler sollten nicht warten, bis diese Maßnahmen per Gesetz obligatorisch werden, sondern bereits im Vorfeld intelligente technische und gestalterische Vorschläge einbringen und realisieren. In Zukunft wird es mehr und mehr darum gehen, unterschiedliche Technologien und Energiesparmaßnahmen sinnvoll miteinander zu kombinieren. Das können Passivhäuser mit Photovoltaikanlagen sein, aber auch nach modernsten Kriterien isolierte Altbauten mit einem Wärmepumpensystem oder einer Pelletheizanlage. Die Architektur kann in einer solchen umweltbewussten Zeit nicht mehr nur als Kunstform begriffen werden, sondern muss sich ihrer Rolle als gestalterische Kraft in einem Prozess bewusst werden, in dem es um Klimaschutz, Ressourcenschonung sowie um nachhaltige Methoden der Energieeinsparung und -gewinnung geht.

11 Friedemann, Jens: Daumenschrauben für Hausbesitzer, in: Frankfurter Allgemeine Zeitung, 31. August 2007.

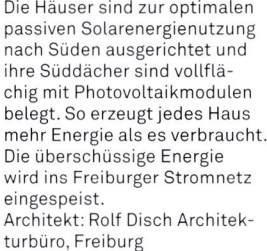

Die Häuser sind zur optimalen passiven Solarenergienutzung nach Süden ausgerichtet und ihre Süddächer sind vollflächig mit Photovoltaikmodulen belegt. So erzeugt jedes Haus mehr Energie als es verbraucht. Die überschüssige Energie wird ins Freiburger Stromnetz eingespeist.
Architekt: Rolf Disch Architekturbüro, Freiburg

2.9
Ökonomie und Werthaltigkeit

Ökonomie und Werthaltigkeit haben für die unterschiedlichen Akteure am Wohnungsmarkt unterschiedliche Bedeutung. Der Mieter hat andere Interessen als ein Eigennutzer oder gar die großen beziehungsweise kleinen Kapitalanleger.

Der Mieter will kostengünstig wohnen und bevorzugt daher meist eine Wohnung mit relativ kleiner Fläche. Er betrachtet sie eher als kurzfristige Durchgangsstation und ist deswegen bereit zu Kompromissen. Identifikation und Verantwortung halten sich oftmals in überschaubaren Grenzen.

Der Eigennutzer hingegen wird sich im Rahmen seiner Möglichkeiten eher für die bessere Ausführungsvariante einer größeren Wohnung entscheiden, da der Erwerb einer Wohnung eine weitreichende Entscheidung bedeutet.

Obwohl der private Einzel-Kapitalanleger aus Kostengründen eher die kleinere Ein- bis-Zweizimmerwohnung favorisiert, wird er aus Gründen der Vermietbarkeit jedoch Wohnungen mit einer größeren Zimmerzahl bevorzugen. Er hat langfristige Einnahmen im Visier und liebäugelt möglicherweise selbst mit einer späteren Nutzung, zum Beispiel als gesicherten Standort für die Zukunft oder weil ihm das Dienstleistungskonzept zusagt. Dies ist ein häufig wiederkehrendes Argument bei Lebenswelt-Konzepten.

Der langfristige Bestandshalter bevorzugt stabile und langfristige Mietverhältnisse. Um seine Mieter zu halten, setzt er auf hochwertiges, kontinuierliches Wohnen. Ohne seine Rendite aus dem Blick zu verlieren, konzentriert er sich nicht auf Maximierung, sondern auf langfristige Sicherung seiner Erträge. Da der häufige Umzug unzufriedener Mieter erhebliche Kosten verursacht, sucht er die Qualitätsimmobilie für den zufriedenen Mieter und baut auf das zukünftige Wertsteigerungspotenzial.

Der kurzfristige Bestandshalter und Umwandler, der durch die schnelle Umwandlung der alten, kostengünstigen Wohnung den schnellen Gewinn im Auge hat, identifiziert sich nur selten mit seinem Wohnungsbestand oder den dort lebenden Mietern.

Solche unterschiedlichen Erwartungen und Strategien verlangen präzise Antworten. Wir müssen zum Zeitpunkt des Planungsbeginns wissen, für wen wir bauen und welche Erwartungen zu erfüllen sind. Für ein Wohnwelt-Konzept kommen bevorzugt die ersten vier Nutzer- beziehungsweise Investorengruppen in Frage, die sich langfristig für ihre Immobilie und damit auch für die Menschen interessieren, die dort wohnen.

Die Frage der objektiven Finanzierbarkeit ist bei allen Mietern und Käufern zunächst vorrangig, aber in vielen Fällen nicht die alles entscheidende. Subjektive Wohlfühlfaktoren setzen ungeahnte Kräfte frei und beeinflussen die Kaufentscheidung immer häufiger. Selbst der institutionelle Investor sucht vorzeigbare Leuchtturmprojekte. Menschen kaufen Träume: ein Spiel des Marktes, das für beide Seiten erfreuliche Perspektiven eröffnen kann.

Qualitätsverbesserungen auf allen Ebenen werden möglich: Massive Materialien strahlen eine erhöhte Werthaltigkeit aus. Die gepflegten Außenanlagen machen schon beim Zugang zum Haus Freude. Die neuesten technischen Ausstattungen für Licht, Sicherheit und Kommunikation eröffnen zusätzlichen Komfort und ein attraktives Ambiente, das alle Sinne anspricht.

Steht dennoch ein beruflicher Wechsel an, ist die Immobilie nicht mehr so immobil wie früher. Kaufen und Verkaufen liegen dichter beieinander: Besitz statt Eigentum. Man trennt sich eher von seiner Wohnung. Kurzzeitige Trends und Moden entscheiden über das Kaufverhalten, jedenfalls für einen Großteil der Menschen. Und auch ein Wiederverkauf erfolgt umso unkomplizierter, je überzeugender die Lebenswelt zur Zufriedenheit des Erstbewohners beitrug. Denn die Neuvermarktung hängt auch von der qualitätvollen und gesicherten Werthaltigkeit ab. Gelungene Wohnwelten steigern nachhaltig den Wert selbst älterer Immobilien. Ökonomie ist auch das Verhältnis von Aufwand zur empfundenen Leistung. Dabei gibt es Kategorien, die im Internetvergleich mit faktischen Zahlen nicht mess- und erfassbar sind.

Vielfach bleibt der ökonomische Aspekt das entscheidende Argument. Das preiswerte Bauen ermöglicht eben doch Eigentum und nicht nur Besitz. Bei niedrigen Zinsen zahlen Viele anstatt Miete lieber den Kaufpreis in Raten. Es gilt, die positiven Eigenschaften der aufwändigsten Projekte kostengünstig in die einfacheren Entwicklungen zu integrieren, was meist durch rechtzeitige Berücksichtigung bei der Planung zu realisieren ist. Mitunter reichen einfache pragmatische Varianten des gleichen Themas.

Natürlich beeinflusst das Primat der Kosten das Verhältnis zwischen Kunde und Entwickler. Individuelle Sonderwünsche lassen sich nur innerhalb eines vorstrukturierten Verfahrens erfüllen. Abweichungen davon sind bei einem gewünschten, sehr günstigen Preis-Leistungs-Verhältnis nicht mehr unterzubringen, was Einbußen im Hinblick auf die Individualität bedeuten kann. Gleichwohl gibt es überzeugende Beispiele, wie mit bescheidenem Aufwand, unter anderem durch Vorfabrikation, den Einsatz von Farbe als kostengünstiges, aber äußerst effektives Gestaltungsmittel oder ein Vorhäuschen als gestaltungswirksames Gliederungs- und Erweiterungselement anstelle eines kostenträchtigen Kellers, sehr zufriedenstellende Ergebnisse erzielt werden konnten.

Die Skepsis vieler Projektentwickler gegenüber der Komplexität von Wohnwelt-Konzepten beruht zumeist auf dem vermeintlich nicht kalkulierbaren Mehraufwand für die Lebenswelt-Bausteine. Hieraus resultiert vielleicht die in diesem Zusammenhang zentrale Frage für den Bauträger und Projektentwickler: Welche Mehrkosten führen zu welchen Mehrwerten, die vom Kunden auch als solche akzeptiert, anerkannt und bezahlt werden? Gibt es eine selbst gewählte, sich tatsächlich »rentierende« Grenze für Mehrkosten, zum Beispiel zwei Prozent, drei Prozent oder gar fünf Prozent der Investitionskosten? Wird dadurch die Rendite nachhaltig gesteigert? Am wichtigsten ist es, als Unternehmer selbst herauszufinden, für welchen Mehrwert und bis zu welchem Mehraufwand die Kunden bereit sind aufzukommen – und was ihnen ein subjektiver Zusatznutzen wert ist.

Für den Unternehmer sind die Zusatzeffekte, die von lebenswerten Wohnwelten ausgehen, nicht zu unterschätzen. Da wäre zunächst der Imagegewinn, den gelungene Projekte in der Öffentlichkeit, bei Städten und Kommunen erzielen können, wenn die Menschen, die dort wohnen, von ihrer Begeisterung für ein kreatives, innovatives Unternehmen berichten, das mit seinen Angeboten dem Wettbewerb mehr als nur eine Nasenlänge voraus ist. Sie geben damit auch eine deutliche Empfehlung an die Politik und die Planungsämter sowie auch an größere private Grundstücksverkäufer. So ergibt sich ein Zusatzwert, der nicht eindeutig beziffert werden kann, der aber große Spielräume für eine langfristige Strategie und Unternehmensführung eröffnet.

Durch ihre gewinnende
Architektur und die künstlich
angelegten Wasserflächen
konnte der Verkaufswert der
Grachtensiedlung Volkardey
in Ratingen über bald 30 Jahre
nachhaltig gesteigert werden.
Architekt: vb-architekten,
Fertigstellung: 1974

Wohnanlage in Düsseldorf-
Heerdt. Wirklich kostengünstiger Wohnungsbau muss
nicht einfallslos sein, sondern
kann auch einen individuellen
Charakter haben. Farb- statt
Materialwechsel spart Kosten
und zeigt doch erhebliche
Wirkung.
Architekt: Dr. Schmitges + Partner BDA, Fertigstellung: 2001

2.10
Seele

Greifen wir die philosophische Auffassung von »Seele« als Ideal der Einheit von Geist und Körper auf. Von hier aus fällt es uns leicht, die Ausstrahlung und das Empfinden, die von einem Körper, der Bebauung, ihrer Geschichte, ihrem Ort oder ihrer Architektur ausgehen, zu übertragen. Dieser Geist ist spürbar, wenngleich nicht greifbar. Er liegt in der Luft. Er lässt uns erschaudern oder begeistert uns.

Denken wir an die Mahnmale dunkler Epochen oder, im Gegensatz dazu, an die Denkmäler großer Geister, Erfinder und Dichter. Oftmals erreichen sie uns in ihrer spezifischen Aussage. Dann können wir uns ihrer Aura nicht entziehen. Seele ist nicht beweisbar, sie ist auch kaum planbar. Seele in unserem Sinne ist nicht nur für empfindsame Menschen spürbar, sondern für die meisten von uns.

Wir kennen dieses Gefühl von historischen Orten, in deren Mauern wir unsere Wünsche und geheimen Sehnsüchte hineinprojizieren. Denken wir an die Tessiner Dörfer oder an verwinkelte deutsche Altstädte wie Dinkelsbühl, Schwäbisch Hall, Celle, an das Holländische Viertel in Potsdam oder an die Stadt Antwerpen, die uns in ihren Bann ziehen und bezaubern, Sehnsüchte erwachen lassen, die wir vergebens andernorts suchen, und Stimmungen und Emotionen auslösen.

Ausgangspunkte unserer Empfindungen sind die Enge der Räume und ihre eindeutige Definition, die vertrauten Materialien und Formen, Sandsteine, Klinkerfassaden, Fachwerkhäuser. Immer gehört dazu der menschengerechte Maßstab, meist zwei-, drei- und viergeschossig. In den Zentren der Städte verschiebt sich dieser Maßstab nach oben, fängt uns mit seiner außerordentlichen Dimension ein. Seele wird spürbar in der jahrtausendealten Geschichte von Rom, London, Paris. Seele beschreibt einen hohen Grad an Vertrautheit mit dem Umfeld, mit dem unmittelbaren Quartier, den Bauten, Wegen und Bäumen, den dort lebenden Menschen und den (mehr oder weniger geschätzten) Nachbarn.

Die persönliche Verflechtung mit dem Ort und seinen Menschen ist wohl die dichteste Ausdrucksform von Seele. Sie wird erfahrbar in der Güte des alten Ehepaars in der Wohnung darunter, dem Kinderlachen im Haus nebenan oder den kleinen Aufmerksamkeiten der Bewohner untereinander. Seele heißt: mit dem Herzen begreifen. Identifikation. Das lässt sich von Projektentwicklern nicht einfach planen, bietet eventuell aber Anlass für neue Wege: durch das menschengerechte Bauen,

Der alte Obstbaum in Großmutters Garten: Identifikation und Seele lassen sich nicht von einem Projektentwickler planen. Die Parameter eines menschengerechten Bauens müssen langsam und wie selbstverständlich heranwachsen. Erst dann können alle Bewohner die Früchte des Erfolgs ernten.

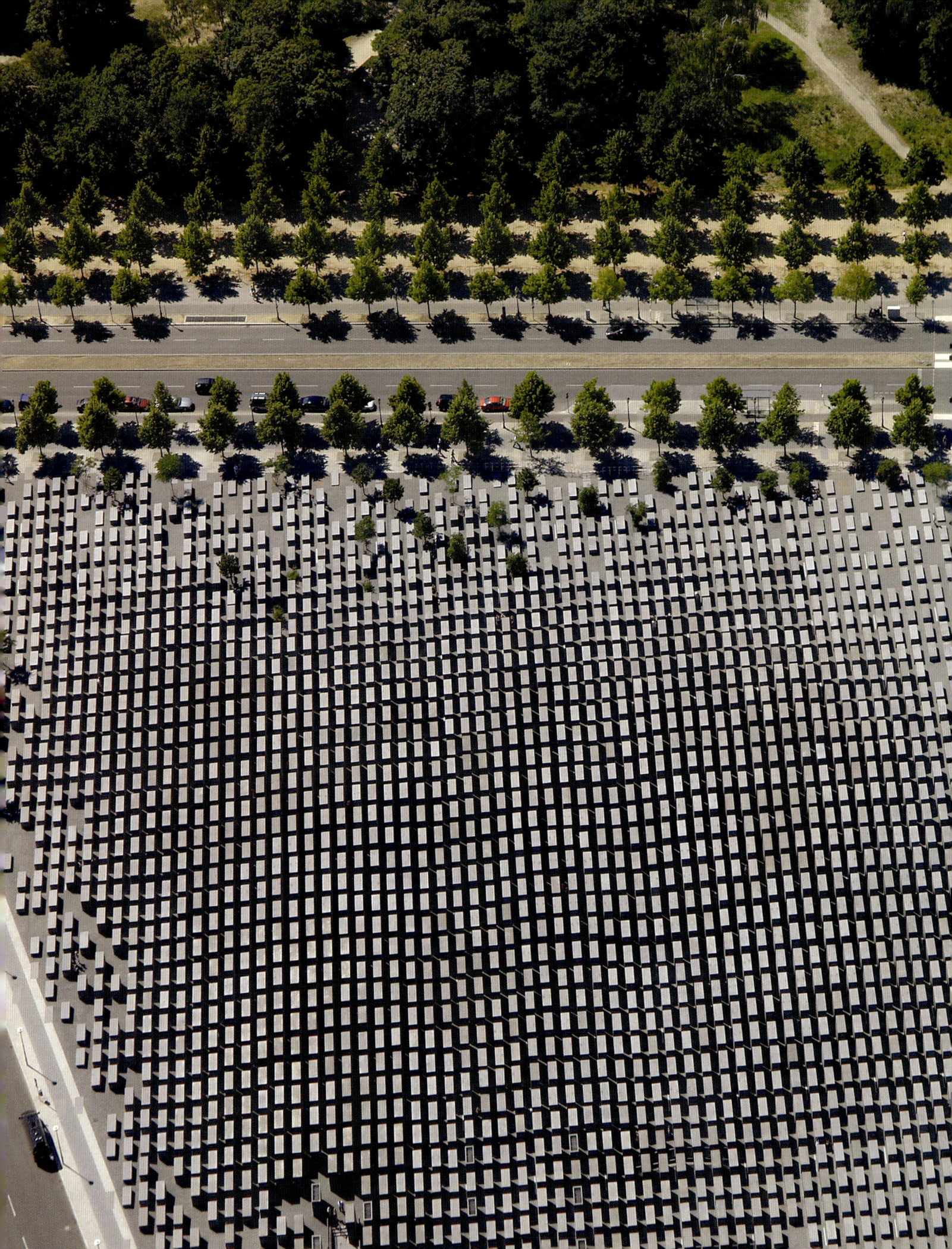

durch die angestrebte soziale Mischung der Bewohner, durch die Bank neben dem Teich, die vermeintlich überflüssige Gedenktafel an der Wand, die Enten auf dem See, das gelbe Licht am nächtlichen Hauseingang, die verwunschen berankte Fassade. Auch der Servicepoint kann solche Effekte haben. Hier findet der Bewohner Hilfe, Kontakt oder einfach eine Gelegenheit zum Verweilen.

Seele kann spürbar werden durch die persönliche Präsenz des Initiators, sein wiederkehrendes Engagement, seine Anwesenheit bei den WEG-Versammlungen oder gemeinsamen Veranstaltungen. Hier wird Seele vermittelt durch persönliche Identifikation, die zwar mit dem Aufwand von Zeit und Einsatz einhergeht, doch die Möglichkeit zur engeren Kundenbeziehung bietet. Solange das Unternehmen von seiner Größe her solchen Einsatz noch möglich macht, ist dieses persönliche Engagement eine typische Aufgabe des Unternehmers: Hören und Spüren am Ort des Geschehens.

Seele ist keine ökonomische Größe, sie hat keinen wirtschaftlichen Wert und ist dennoch unbezahlbar. Beseelt sein heißt lebendig sein. Wo Seele Kraft ausstrahlt, gedeiht Leben. Sie markiert die höchste Stufe einer erfolgreichen Entwicklung von Wohnwelten.

Straßencafé im historischen Antwerpen: Die alten Straßen der belgischen Stadt atmen eine jahrhundertealte Geschichte.

3
Realisierte Wohnwelten

Auf den folgenden Seiten werden Projekte vorgestellt, bei denen Lebenswelt-Bausteine zu Nachbarschaften mit ausgeprägtem Charakter zusammengesetzt worden sind.
Sie haben einen zunehmend städtischeren Charakter, sind in ihren Ausmaßen überschaubar und entsprechen einem von kleineren bis mittleren Projektentwicklern zu bewältigenden Volumen.

3.1
Bergischer Wohnhof, Remscheid
Reiner Götzen

- Außenanlagen
- Genius Loci
- Kunst und Licht
- Landschaftsbau
- Lebenszyklen, Lebensstile, Wohnformen
- Ökologie und Nachhaltigkeit
- Ökonomie und Werthaltigkeit
- Seele
- Selbstverwaltung
- Service
- Städtebau und Architektur
- Verwaltung
- Wohngemeinschaften und soziale Netzwerke

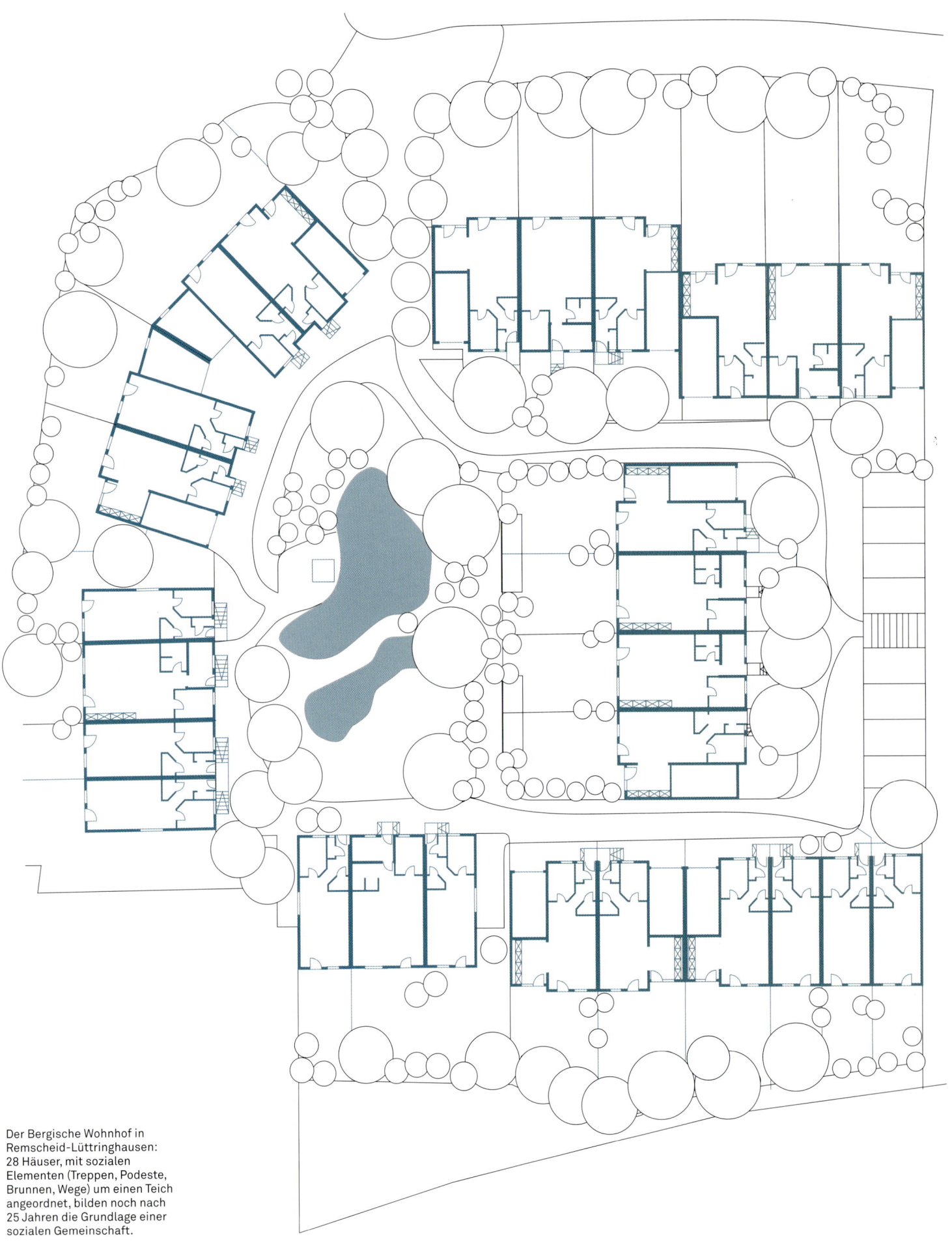

Der Bergische Wohnhof in
Remscheid-Lüttringhausen:
28 Häuser, mit sozialen
Elementen (Treppen, Podeste,
Brunnen, Wege) um einen Teich
angeordnet, bilden noch nach
25 Jahren die Grundlage einer
sozialen Gemeinschaft.

Neubauquartier mit Hausgruppen, Remscheid
Projektentwicklung: Reiner Götzen, Hans-Joachim Wille
Projekttitel: Bergischer Wohnhof

Remscheid, die »Seestadt auf dem Berge«. Der Handel mit Klingen-
waren hat die Geschichte dieses Ortes im Herzen des regenreichen
Bergischen Landes bestimmt. Seit 250 Jahren ist hier der Schiefer zu
Hause, als Schutz der alten Fachwerkhäuser gegen die starken Nie-
derschläge. Noch heute prägt dieses Material die Dörfer und ältesten
Kernstädte der Region. Die Stadt Remscheid schrieb 1982 einen kombi-
nierten Architekten-Bauträger-Wettbewerb aus: Innerhalb vorgegebener
zeilenförmiger Baufelder eines bestehenden Bauplans waren etwa 60
Reihenhäuser zu planen. Stattdessen wurden drei Wohnhöfe vorgeschla-
gen, mit unterschiedlich vielen Häusern jeweils um einen Mittelpunkt.
So entstanden kleine, auf sich selbst bezogene Nachbarschaften. In der
größten, dem »Bergischen Wohnhof«, wurden die 28 privaten Grundstücke zugunsten eines zentral gelegenen, mit Schilf gesäumten Teiches
verkleinert. Ringsum legt sich die private Erschließung der Häuser. In
diese Straßenflächen wurde Natursteinpflaster eingestreut, um auf den
Hofcharakter zu verweisen.

Die Doppel- und Reihenhäuser spiegeln die Bergische Bautradition
wider: Weiße, vorstehende Fensterlaibungen heben sich gegen das
blaugraue Schieferkleid der Fassade ab. Hellgrüne Brüstungselemente
an den Fenstern nehmen Bezug auf die einstigen Schlagläden, und auch
das Blaugrün der Hauseingangstür erinnert an die regionale Bauge-
schichte. Das rote Dach, eine Reminiszenz an frühere Jahrhunderte, meidet den erdrückend-monotonen, über allen Häusern liegenden, dunkel-
unfreundlichen Schieferton. Eine Einliegerwohnung mit eingezogener
Loggia im Dachgeschoss findet Platz hinter dem Motiv des berühmten
barocken Quergiebels. Soziale Elemente der Architektur begleiten die
Bewohner: Die kleinen Treppchen vor den Häusern fangen die Höhen-
unterschiede zur hügeligen Landschaft auf. Sie haben ein gemeinsames
Podest vor dem Zugang zu den beiden Doppelhaustüren und werden
zum Begegnungs- und Reibungspunkt zweier nebeneinander wohnender
Familien. Hier kann man mit dem Glas in der Hand und dem Blick auf
den mittigen Teich stehen – zum Entspannen, für ein Gespräch mit den
Vorbeigehenden, den Bekannten und Freunden in diesem Wohnhof, in
dieser Nachbarschaft. Das Sommerfest spiegelt dies wider. Flatterband
versperrt symbolisch die zwei der drei schmalen Zugänge: Hier wollen
die Anwohner dieses Wohnkreises unter sich sein, eine Art »private Öffentlichkeit«. Jeder trägt etwas bei zum Gelingen dieses Festes, sowohl
die Bewohner selbst als auch der Bauträger und Initiator.

Manche den Anforderungen unserer Zeit entsprechende »Übersetzung
historischer Baukunst« mag dem außenstehenden Betrachter fast
»wörtlich« erscheinen. Aber dies muss nicht gleich Widerspruch erzeugen. Denn erwächst aus diesen Reminiszenzen an örtliche Traditionen
nicht eher eine Identifikation mit dem »neuen, vergangenheitsbezo-
genen Wohnort« als aus der Wiederholung serieller Reihenhäuser?

Die Akzeptanz der Bewohner und ihre Identifikation sprechen jedenfalls dafür. Dies gilt auch noch nach 25 Jahren und spiegelt sich
auch in der erfolgreichen Integration der nachfolgenden Bewohner-
generationen wider.

Die Gebäude des Bergischen
Wohnhofs sind um den Teich
gruppiert. Diese Außenanlagen
formen somit den Mittelpunkt
des Wohngebiets. Die ein-
heitliche, traditionsbewusste
Formensprache verbindet
sowohl die Häuser als auch die
Menschen zu einer sozialen
Einheit.

3.2

Vorstadtsiedlung,
Frechen

Reiner Götzen

- Außenanlagen
- Genius Loci
- Kunst und Licht
- Landschaftsbau
- Lebenszyklen, Lebensstile, Wohnformen
- Ökologie und Nachhaltigkeit
- Ökonomie und Werthaltigkeit
- Seele
- Selbstverwaltung
- Service
- Städtebau und Architektur
- Verwaltung
- Wohngemeinschaften und soziale Netzwerke

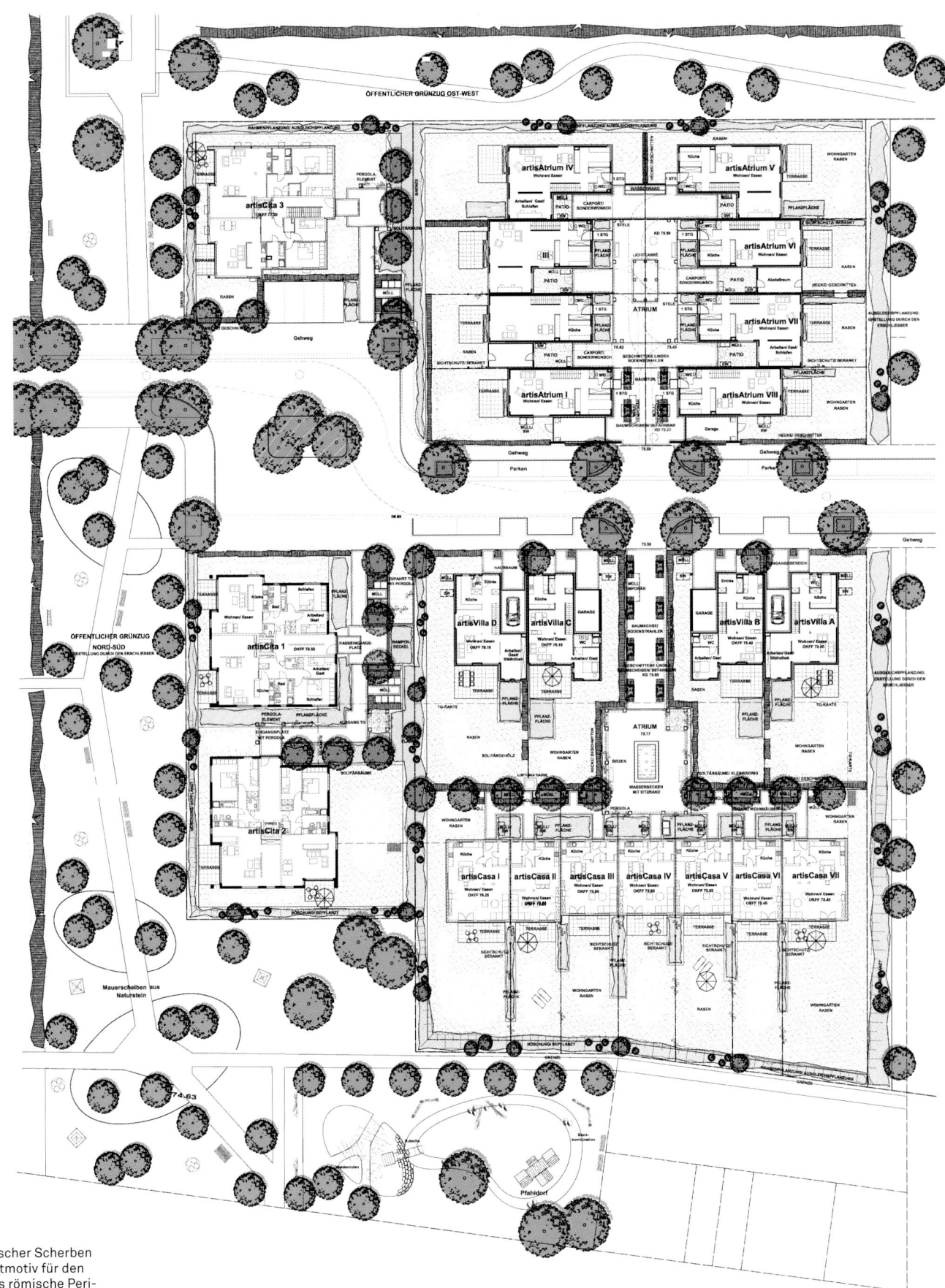

Der Fund römischer Scherben
führte zum Leitmotiv für den
Städtebau. Das römische Peristyl, die Säulenhalle als Pergola
um das mittige Impluvium,
das Wasserbecken, wird als
thematisches Zentrum in die
Gegebenheiten unserer Zeit
übersetzt.

Vorstadtsiedlung, Frechen-Königsdorf
Projektentwicklung: Reiner Götzen
Projekttitel: artis – Der Königsweg des Wohnens

Der großzügig bemessene Außenraum wird von den Bewohnern der Siedlung nicht nur zum Entspannen, sondern auch für Spiel und Sport genutzt.

Königsdorf gehört zur Stadt Frechen, ist unmittelbar der westlichen Stadtgrenze zu Köln vorgelagert und mit der S-Bahn gut erreichbar. Auf einem freien Feld am nördlichen Saum dieser Vorstadt sollen etwa 300 Hauseinheiten entstehen. Der Gewinner des städtebaulichen Wettbewerbs findet sein Leitmotiv in dem Fund römischer Scherben aus der Wasserführung eines alten Brunnens: Das Stadtmuster der Straßenkreuzung von Cardo und Decamanus mit der Aneinanderreihung der Insulae führt zu den vorgeschlagenen quadratischen Baufeldern. Jedes von ihnen kann unterschiedlich gestaltet werden. So entstehen kleine und kleinste stadträumliche Einheiten mit einem architektonischen und außenräumlichen Thema.

Für den Projektentwickler bietet sich die Chance, den Genius Loci zu bergen, der hier bis vor Kurzem quasi noch unter der Erde begraben lag und von der Geschichte des Ortes erzählt. Aus dieser günstigen Konstellation ergeben sich planerische Glücksgriffe: Das römische Peristyl, die Säulenhalle als Pergola, wird um das mittige Impluvium, also um das Wasserbecken als thematisches Zentrum, herum in die Gegebenheiten unserer Zeit übersetzt. Um dieses sprudelnde Becken, das am Abend angestrahlt wird und ein wenig zurückgesetzt in einem halbprivaten Hof liegt, kann sich Leben entwickeln. Die Pergola-Ständer stehen gabelförmig, mit integriertem Licht. Wenige Elemente erzeugen eine ungeahnte Intimität und Einzigartigkeit, verborgen hinter der kleinen Allee mit quadratisch beschnittenen Buchenbäumen.
Erst die Kopplung der Hausverwaltung mit den benachbarten Eigentumswohnungen ermöglicht neben der Pflege der Anlage auch die Abrechnung der Wasser- und Stromkosten für den Brunnen und die Pergola-Leuchten. Ohne diese verwaltungstechnische Vorsorge wären solche Angebote selten möglich.

Das nach römischen Vorbild gestaltete Wasserbecken verleiht der Wohnsiedlung auch in den Abendstunden eine geradezu erhabene Anmutung.

103

Alle Wohnungen – von klassisch über modern bis hin zur individuellen Gestaltung – bieten eine hohe Qualität in der Ausstattung.

Große Balkone, geräumige Terrassen und bodentiefe Fenster bringen ausreichend Licht, Luft und Sonne ins Heim.

Architektonische Sorgfalt bis ins kleinste Detail.

3.3
Suburbane Siedlung, Asperg
Karl Strenger

- Außenanlagen
- Genius Loci
- Kunst und Licht
- Landschaftsbau
- Lebenszyklen, Lebensstile, Wohnformen
- Ökologie und Nachhaltigkeit
- Ökonomie und Werthaltigkeit
- Seele
- Selbstverwaltung
- Service
- Städtebau und Architektur
- Verwaltung
- Wohngemeinschaften und soziale Netzwerke

Suburbane Siedlung, Asperg (bei Ludwigsburg)
Projektentwicklung: Karl Strenger, Strenger Bauen und Wohnen
Projekttitel: Arkadien-Asperg

Arkadien-Asperg bei Ludwigsburg liegt in einer der in dieser Gegend gehäuften suburbanen Neubausiedlungen und findet auf frappierende Weise durch seine schlüssige Gesamtgestaltung zu einer eigenen Welt, gleichwohl ohne sich dabei abzuschotten. Das Quartier ist auffallend anders, ein Kleinod im Garten der Alltagssteine, verdichtet auf engstem Raum.

Arkadien-Steinberg und Arkadien-Winnenden sind die Geschwister dieser Erst-Entwicklung, weniger aufwändig, mehr in die Fläche gehend und etwas befreiter. Raum für die »Strandzone« am zentralen, neu geschaffenen See, Raum für den wilden Naturspielplatz mit Kletterwand und Mountainbike-Hügeln für die Jüngeren. Die Reihenhäuser und Geschosswohnungsbauten stehen in friedlicher Eintracht nebeneinander und bilden ein harmonisches Ganzes für die unterschiedlichsten Bewohner.

In den Arkadien-Projekten genießen die Bewohner ausgezeichnete Lebensqualitäten. Die Initiatoren sind mit diesen Projekten weit über die Landesgrenzen hinaus bekannt geworden und haben sich so eine hervorragende Referenz für weitere Folgeprojekte erobert, die deutlich mehr wiegt als der wirtschaftliche Gewinn aus diesem Projekt. Joachim Eble: »Wir schaffen Lebensräume, in denen Menschen gerne zu Hause sind, und wir stellen den Mensch und eine gesunde Umwelt in den Mittelpunkt. Wohnen hat immer etwas mit Wohlfühlen zu tun. Weil dafür auch die Innenraumgestaltung entscheidend ist, wurden in Zusammenarbeit mit Innenarchitekten und Farbdesignern drei unterschiedliche Stilrichtungen als Lebenswelten entworfen, bei denen von den Bodenbelägen über die Auswahl der Türen und Beschläge bis zum Design im Bad alles eine einheitliche Linie ergibt.«

Qualifizierter Wohnungs- und Siedlungsbau, der heute auch den Kriterien der Nachhaltigkeit genügt, bleibt eine Herausforderung für alle Beteiligten. Dies liegt an der Komplexität der Rahmenbedingungen, den angestrebten Zielen, aber auch an der Vielzahl der Faktoren, die auf den Wohnungsbau einwirken.

Architektur/Städtebau/Außenanlagen

Eine ganzheitliche Siedlung ist für die Bewohner mehr als die Summe der Einzelgebäude. Neben einer architektonischen Qualität, die von Materialien wie Ziegel, Putzflächen und unterschiedlichen Farbkonzepten geprägt wird, spielt die städtebauliche Anordnung eine elementare Rolle.

Die Siedlung verspricht »Wohnen wie im Urlaub«. Die gestuften Dachflächen werden durch Tondachziegel hervorgehoben. Betont wird das Ambiente mit einem durchgängigen Farbkonzept in Lasurtechnik. Dies soll eine beruhigende Stimmung und ein harmonisches Umfeld vermitteln. Der Dorfplatz im Zentrum dient als Treffpunkt für Jung und Alt. Dort befindet sich auch ein Gemeinschaftsraum. Ein durchgängiges

Wohnen mit Feriengefühl: Die nach ökologischen Gesichtspunkten gebauten Häuser mit ihren kreativ gestalteten Außenanlagen bilden eine in sich geschlossene, eigene Welt. Architekt: Joachim Eble Architektur, Tübingen

Abenteuerspielplatz und Erholungsfläche zugleich: Der wilde Spielplatz lässt Raum für fantasievolles Toben. Kinder erkunden die vielen Ecken und Wege in »ihrem« Quartier.

Außenanlagenkonzept garantiert darüber hinaus Freiflächen mit heimischen Pflanzen, Natursteinmauern und wassergebundenen, also wasserdurchlässigen Decken. Kinder können in den parkähnlichen Grünanlagen auf den Wegen spielen, da Autoverkehr überwiegend ferngehalten wird. Die einheitlichen Außenanlagen werden ebenso wie das Farbkonzept durch eine Gestaltungssatzung langfristig geschützt. Dies gibt den Käufern die Garantie, dass die Atmosphäre und die gestalterisch einzigartige Qualität der Siedlung auch auf Dauer erhalten bleiben. Aspekte der Werterhaltung und -steigerung ergeben sich auf natürliche Weise.

Ökologie

Das Thema Ökologie spielt eine zentrale Rolle. Angefangen bei der Verwendung heimischer Massivhölzer für Fenster und Parkettböden sowie erdiger Mineral-Lasurfarben über die Auswahl gesunder, umweltfreundlicher Baustoffe bis hin zum Einsatz alternativer Energien, das heißt von Pelletheizung, thermischen Solar- oder Photovoltaikanlagen und Erdwärme, oder den nachhaltigen Regenwasserkonzepten – die hier umgesetzten Maßnahmen nehmen das Thema ernst. Sie schonen nicht nur unsere Umwelt und sparen wertvolle Ressourcen, sondern dienen auch der langfristigen Kosteneinsparung. Die Nähe zur Natur wird zusätzlich betont durch großzügige Grünflächen, Hainbuchenhecken und Trockenmauern sowie nicht zuletzt durch die Anlage von Bach oder See.

Nachbarschaft, soziale Qualitäten des Wohnens

Gibt es in unserer Gesellschaft einen Ort, der für das Wohlbefinden der Menschen wichtiger wäre als die Wohnung? Die Wohnung ist das Zentrum des privaten Lebens. Ein gutes Wohngefühl wird durch das geförderte Miteinander, durch gemeinsame Aktionen und Fürsorge für Ältere und die ganz Jungen gezielt unterstützt. In Siedlungen soll das gemeinschaftliche Leben leicht gemacht werden. Es müssen jedoch auch Rückzugsmöglichkeiten für die ungestörte Privatsphäre gewährleistet sein. Zu einer funktionierenden Gemeinschaft zählen kleine Treffpunkte, wie der zentrale Dorfplatz oder ein Gemeinschaftsraum, aber auch genügend Freiraum zur persönlichen Entfaltung und vielfältige Möglichkeiten zur Entspannung für jede Altersgruppe. Zu einer ganzheitlichen Lebenswelt gehört eine gesunde Mischung von Familien, Senioren oder Singles. Ziel ist es, ein Umfeld zu schaffen, das menschliche Wärme und dörfliche Atmosphäre mit allen Vorteilen des städtischen Lebens verbindet. So kann die Wohnqualität durch ein umfassendes Dienstleistungskonzept erhöht werden, das vom Bügelservice über Housekeeping bis zur Beschäftigung eines Siedlungsmanagers reicht.

Preis-Leistungs-Verhältnis/Wirtschaftlichkeit

Gute Projektentwicklungen haben sich zum Ziel gesetzt, preiswertem, ökologischem und sozialem Wohnen neue Wege zu öffnen und diese an konkreten Projekten nachzuweisen. Dennoch sind viele Kunden, vor allem junge Familien, nicht mehr in der Lage, jeden Preis für eine anspruchsvolle Wohnung aufzubringen. Das heißt, der ganzheitliche Siedlungsbau muss sich preislich am gegebenen Marktumfeld orientieren. Denn es geht nicht zuletzt um den Nachweis, dass ein ökologischer und sozial orientierter Städte- und Wohnungsbau sogar preiswerter sein kann als konventionelle Lösungen. Die richtigen Ansätze liegen in einer intelligenten Projektentwicklung, einer ökonomische Erschließung sowie in der Reduzierung der Zahl der Bauteile durch sinnvolle, aber nicht eintönige Wiederholung.

Fazit

Ausschlaggebend für die Beurteilung der Qualität einer Siedlung, einer Wohn- und Lebenswelt sind letztlich die Bewohner selbst. Die Vielzahl der Bausteine wie attraktive Architektur, Kunst und Licht, lebendige Wasserkonzepte, Brunnen, Bachläufe und Seen, anmutige Farben, Hecken, Bäume und Alleen, Nachbarschaft, Gemeinschaftsräume und Service, das Miteinander aller Generationen, nachhaltige Regenwasserkonzepte und der Einsatz alternativer Energien ergeben das Gesamtbild einer Lebenswelt. Bei Umfragen vieler zufriedener Bewohner wurden als herausragende positive Aspekte immer wieder die einheitliche Architektursprache, durchgängig komponierte Außenanlagen und Landschaftskonzepte, Heimat für alle Generationen sowie das sprichwörtliche »Wohngefühl wie im Urlaub« genannt.

Ein Eldorado für Jung und Alt: Die Gestaltung des Außenraums setzt auf unkonventionelle und überraschende Konzepte. Der See bildet den ruhigen Mittelpunkt der Siedlung.
Architekt: Joachim Eble Architektur, Tübingen

3.4

Konversion einer Industrie-
fläche, Düsseldorf

Hans Burow

- Außenanlagen
- Genius Loci
- Kunst und Licht
- Landschaftsbau
- Lebenszyklen, Lebensstile, Wohnformen
- Ökologie und Nachhaltigkeit
- Ökonomie und Werthaltigkeit
- Seele
- Selbstverwaltung
- Service
- Städtebau und Architektur
- Verwaltung
- Wohngemeinschaften und soziale Netzwerke

Konversion einer Industriefläche, Düsseldorf
Projektentwicklung: Hans Burow, gentes Baumanagement
Projekttitel: It's – Neue Wohnformen

Die De-Industrialisierung innerstädtischer Flächen zugunsten der Dienstleistungsgesellschaft setzt sich kontinuierlich fort. Damit ist auch die Umnutzung und Revitalisierung nicht mehr betriebsnotwendiger Industrie- und Gewerbeflächen in den Innenstädten verbunden. Es entstehen moderne Büros, Einzelhandels- und insbesondere Wohnflächen. Diese Viertel sind die neuen Trendquartiere, die langfristig komplette Stadtteile verändern und aufwerten.

Auch in Düsseldorf gibt es solche Entwicklungen, zum Beispiel im Stadtteil Oberbilk. Hier wandelt sich das ehemals bedeutendste Industrieviertel Düsseldorfs zum Dienstleistungszentrum und Bürostandort. Damit einher geht eine allmähliche Umstrukturierung der Stadtbevölkerung, die zusätzliche Nachfrage nach Wohnraum bewirkt.

Mit der Umwandlung des alten BMW-Standorts in Oberbilk ergibt sich die Chance, in einer urbanen Situation ein Pilotprojekt mit einer ästhetisch eigenständigen städtebaulich-architektonischen Qualität für den Stadtteil und für die Stadt Düsseldorf zu entwickeln. Zur Verfügung steht eine Entwicklungsfläche mit einer langjährig gewachsenen Infrastruktur, auf der nun neue Wohnformen mit hoher Lebensqualität und Wertschöpfungsperspektiven für ausgesuchte Zielgruppen entstehen. Es ist gleichwohl nicht ganz leicht, dem Düsseldorfer Publikum den Stadtteil Oberbilk als Trendquartier zu vermitteln. Es gilt, sein tradiertes Image als Arbeiterquartier mit hoher Ausländerquote durch die Schaffung eines neuen Standorts und der überzeugenden Qualität einer neuen Wohnwelt zu überwinden. Wie weit man den Genius Loci, den in dieser Gegenwart vorherrschenden Geist, überwinden will und kann, bleibt jedoch eine Frage der unternehmerischen Entscheidung.

Das Luftbild zeigt »It's« als städtebauliches Projekt innerhalb einer weitgehend geschlossenen Blockrandbebauung. Mit seiner stadtzentralen Lage ist es gegen den erheblichen Verkehrslärm der Hauptausfallstraße gut abgeschirmt. Es positioniert sich neu und eigenständig und lässt sich durch die gewählte räumliche und gestalterische Distanz zu seinen Umgebungsbauten sowie durch die Anordnung einer 700 Quadratmeter großen Wasserfläche als »Insel« erleben.

Das Entree der Wohnbebauung bildet ein Trichter aus dem Eckbereich zweier angrenzender Straßen, ausgehend von einem vorhandenen Stadtplatz. Eine schmale Baulücke liegt auf der Gegenseite und gewährleistet die Verbindung zum nahe gelegenen Oberbilker Markt, dem vitalen Mittelpunkt des Stadtviertels.

Die autofreie Erschließung wird über einen reduzierten Steg bewusst erzwungen. Er mündet in den »Boulevard«, das 120 Meter lange Rückgrat der inneren Erschließung. Beginn und Ende werden eindrucksvoll inszeniert: Es ergibt sich ein Dialog zwischen dem »Betontor« im Süden und einem »TownHaus« im Norden. Auch die Übergänge von öffentlichen über halböffentlichen zu privaten Flächen werden erlebbar. Vom Boulevard werden durch zweigeschossige Tordurchgänge private Wohnhöfe

Auf einem ehemaligen Grundstück von BMW entstand ein zentral gelegenes Wohnquartier mit modernen Eigentumswohnungen. Ein 120 Meter langer Boulevard bildet das Rückgrat der Siedlung und verbindet das Betontor im Süden mit dem »TownHaus« im Norden. Architekten: Jörg Toepel; gentes plan Bauplanung

115

Eine strenge Architektur,
im Detail perfekt, prägt die
Wohnbebauung auf einer alten
Konversionsfläche im zentralen
Blockinnenhof. Sie bildet einen
mutigen Kontrast zum Arbeiterviertel ringsum und entwickelt
ein eigenständiges Ambiente.
Architekten: Jörg Toepel;
gentes plan Bauplanung

erschlossen, ein Ort der Ruhe und Sicherheit inmitten der tosenden
Stadt. Hier können Kinder in geschützter Atmosphäre spielen, grüßen
sich die Bewohner bei der morgendlichen und abendlichen Begegnung
oder feiern vor einer idealen, abgeschlossenen Kulisse ihre Nachbar-
schaftsfeste. Hier wächst ein Wir-Gefühl.

Die Anordnung der Tiefgarage unterhalb der Erschließungssysteme
»Boulevard« und »Höfe« gewährleistet private Zugänge durch Trep-
penhäuser beziehungsweise private Keller für alle Bewohner. Damit ist
ein nicht zu unterschätzender Komfort und zugleich die Voraussetzung
für eine autofreie Erschließung und die damit geschützte Spielzone für
Kinder gegeben. Aufgrund seines städtebaulichen Konzeptes mit einer
durchgängigen Tiefgarage muss das Projekt als Entität geplant werden:
Städtebau, Architektur, Freianlagen und Beleuchtungskonzept bilden
eine Einheit. Erst wenn diese Einheit von den späteren Nutzern erfasst
werden kann, kommt der wirkliche Mehrwert dieser Wohnwelt zur Geltung. Für den Entwickler bedeutet diese Konzeption, dass das Projekt
von Beginn an in einem Zug realisiert wird, auch wenn noch lange nicht
alle Häuser und Wohnungen ihre zukünftigen Bewohner gefunden haben.

Eine Insel der Ruhe und Sicherheit inmitten der Stadt: das städtebauliche Projekt »It's«.

3.5

Wohnquartier am Stadtrand, Ratingen

Reiner Götzen

- Außenanlagen
- Genius Loci
- Kunst und Licht
- Landschaftsbau
- Lebenszyklen, Lebensstile, Wohnformen
- Ökologie und Nachhaltigkeit
- Ökonomie und Werthaltigkeit
- Seele
- Selbstverwaltung
- Service
- Städtebau und Architektur
- Verwaltung
- Wohngemeinschaften und soziale Netzwerke

Lageplan Quartis. Eine
geschwungene neue Erschließungsstraße bildet das Rückgrat
des Quartiers, nördlich davon
befinden sich die Reihenhauszeilen, südlich davon die drei-
bis viergeschossigen Stadtvillen.

Wohnquartier am Stadtrand, Ratingen
Projektentwicklung: Reiner Götzen
Projekttitel: Quartis – Quartier der Sinne

Am Anfang stand eine ungenutzte biotopähnliche, versumpfte Hanglage, die über viele Jahre als Erweiterungsfläche für die Industrie vorgehalten wurde. Nach ihrer Freigabe als Konversionsfläche konnte hier, am Rande des alten Weichbildes von Ratingen, unweit der S-Bahn-Station und des Stadtmittelpunkts, an der Schnittstelle von geschlossener Blockrandbebauung und räumlich offener Vorstadt ein neues Wohnquartier entstehen.

Quartis ist ein Quartier der Sinne: Licht, Luft, Wasser, Erde – die vier Elemente sind Thema und Versprechen zugleich.

Der Bebauungsplan wurde gemeinsam mit dem Planungsamt abgestimmt. Eine geschwungene neue Erschließungsstraße bildet das Rückgrat des Quartiers, nördlich davon befinden sich die Reihenhauszeilen, südlich davon die drei- bis viergeschossigen Stadtvillen. Die Straße ist auch im übertragenen Sinn das Rückgrat: Diagonal verdrehte Plätze, mit Betonstein-Pergolen gefasst, durchbrechen mit ihrem Natursteinpflaster die asphaltierte Schneise. Sitzbänke, Lichtstrahler und Poller räumen den Fußgängern Vorrechte gegenüber den Autofahrern ein.

Der ruhende Verkehr wurde in die Tiefgarage des leichten Hanggeländes zwischen die Häuserzeilen verlagert. Über die Kellertreppe, die sich hinter den mit Garagentoren abgetrennten Einstellplätzen befindet, gelangen die Bewohner direkt ins eigene Haus. Diese Annehmlichkeit entschädigt dafür, dass die »Häuser« eigentlich nur den rechtlichen Status von Eigentumswohnungen haben und es sich bei ihnen in diesem Sinne nicht um real geteilte Grundstücke handelt. Auf der Tiefgaragendecke befinden sich die privaten Gärten und die Zuwegung für die gegenüberliegende Gebäudezeile. Alle Häuser verfügen neben dem Privatgarten im Erdgeschoss auch über eine üppige Dachterrasse neben oder vor den Staffelgeschossen. Optisch verbindet sich mit diesen Dachhäusern eine jeweils unterschiedliche, sehr individuelle Gestaltung der Hausgruppen, wenngleich auf die Einheitlichkeit aller Hauseingänge großen Wert gelegt wurde.

Licht spielt hier nicht nur am Abend eine Rolle, wenn Aspekte der Sicherheit oder die dramatische Inszenierung von Bäumen und Außenanlagen im Vordergrund stehen. Die Bedeutung des Lichts wird auch durch die großen Fenster und die mediterran inspirierte Farbgestaltung thematisiert.

Luft bieten die Häuser durch die offene Galerie. In den Reihenmittelhäusern gibt es keine Dunkelzone.

Wasser wird in natursteingepflasterten Mulden gesammelt, der Höhenvorsprung wird für einen künstlichen Wasserfall genutzt. Von einem auf der anderen Straßenseite befindlichen, offen gestalteten und sehr aufwändigen Muldensystem wird das Wasser bis zum Versickerungsbecken der Stadt weitergeführt. Erde ist hier ein Lebensraum für die Pflanzen und Tiere im Quartier.

Freistehende Stadtvillen mit
nur sieben beziehungsweise
elf Wohnungen bilden kleine,
überschaubare Hausgemein-
schaften. Jeder Hauseingang
wird durch eine Skulptur des
Künstlers Joan Sofron markiert.

Die geschwungene mittige Erschließungsstraße gibt immer
wieder neue Perspektiven frei.
Zugleich ist sie kommunikatives
Rückgrat dieses mediterran
gefärbten Quartiers mit edler
geradliniger Bauhaus-Archi-
tektur. Zeitgeist und aktuelle
Gestaltung finden ihre eigene
Formensprache.

Davon zeugen die überwucherten Stützmauern im Gelände. Die Natur
als fester Bestandteil der Gesamtplanung ist auch vor Ort schon nach
kurzer Zeit ein prägendes Element.

Architektur und Kunst ergänzen das Ensemble atmosphärisch. Jeweils
eine bunte Stele des rumänischen Künstlers Joan Sofron markiert den
Eingangsbereich der acht Stadtvillen. Streng kubische Bauköper werden an ihren Ecken durch galerieförmige Bügel aufgelöst und definieren
so den offenen Raum. Die gereihten Häuser sind im gestalterischen
Zusammenspiel mit den gegenüberliegenden Stadtvillen verbunden. Mit
jedem Schritt lässt die geschwungene Straßenführung die Fassaden in
einer anderen Perspektive erscheinen. Die wenig befahrene Straße ist
nicht nur Spielfläche, sondern auch Gemeinschaftsgrund für Sommer-
feste und geselliges Glühweintrinken im Winter.

Der farblich hervorgehobene Servicepoint befindet sich für alle gut
sichtbar im Straßenknick. Hier können an der Rezeption Buchungen für
den Gemeinschaftsraum und die Gästeappartements vorgenommen
werden. Das Servicekonzept ist noch unzureichend verankert, da Eigenhilfe und Selbstorganisation in den Reihenhäusern der jüngeren Gene-
ration vorherrschen, während in den Eigentumswohnungen der WEGs
ein gewisser Vorbehalt gegenüber der Vermischung von Verwaltung und
Dienstleistungsangeboten nicht zu leugnen ist. Die vollständige Erfüllung der Erwartungskette ist eine schwierige Kunst und stellt höchste
Anforderungen. Trotz allem findet sie Anerkennung. Insgesamt lässt sich
eine werthaltige Entwicklung konstatieren, die den Käufern, Eigennut-
zern oder den eingestreuten Kapitalanlegern Sicherheit für ihre getätig-
te Investition gibt.

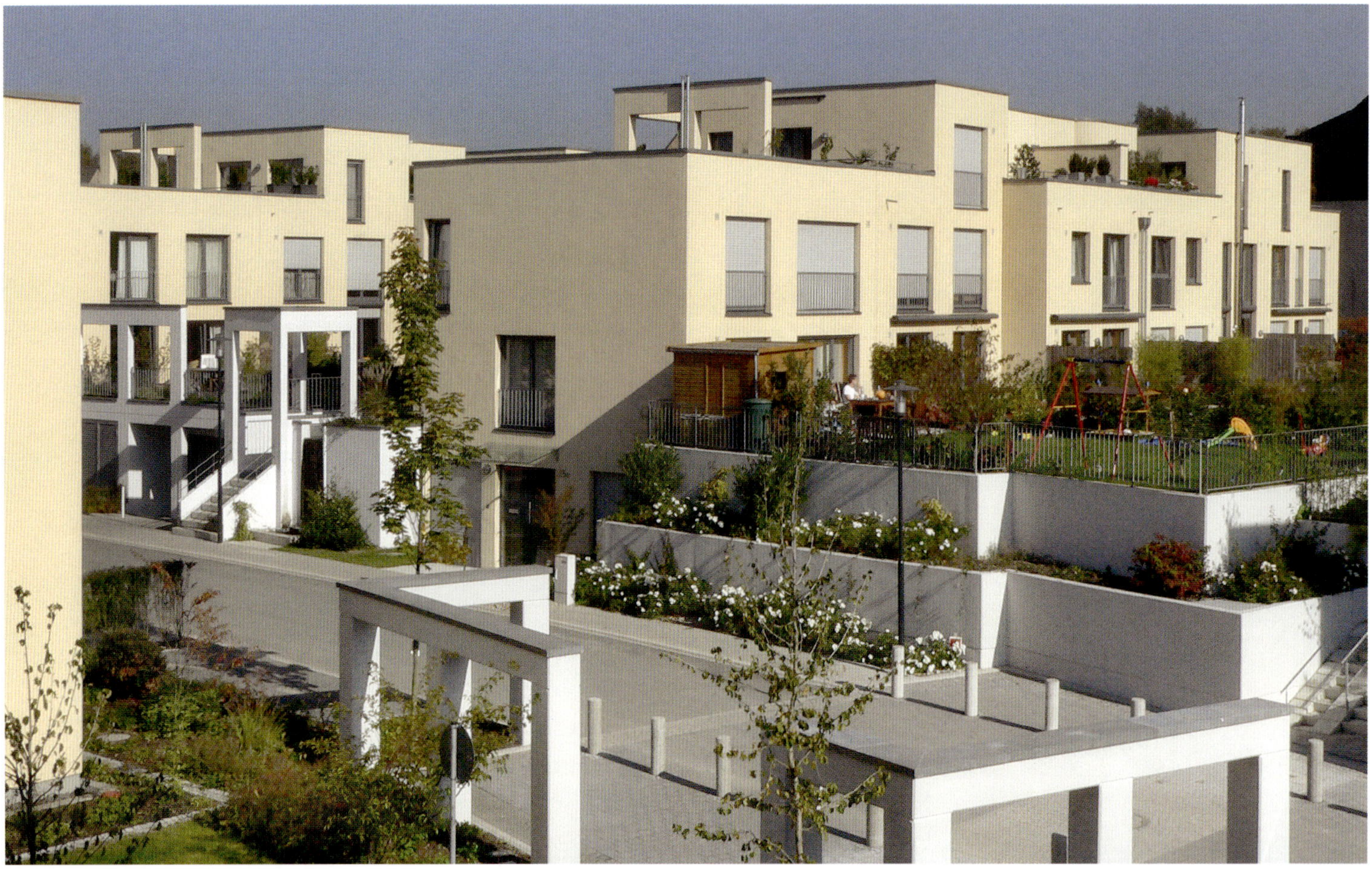

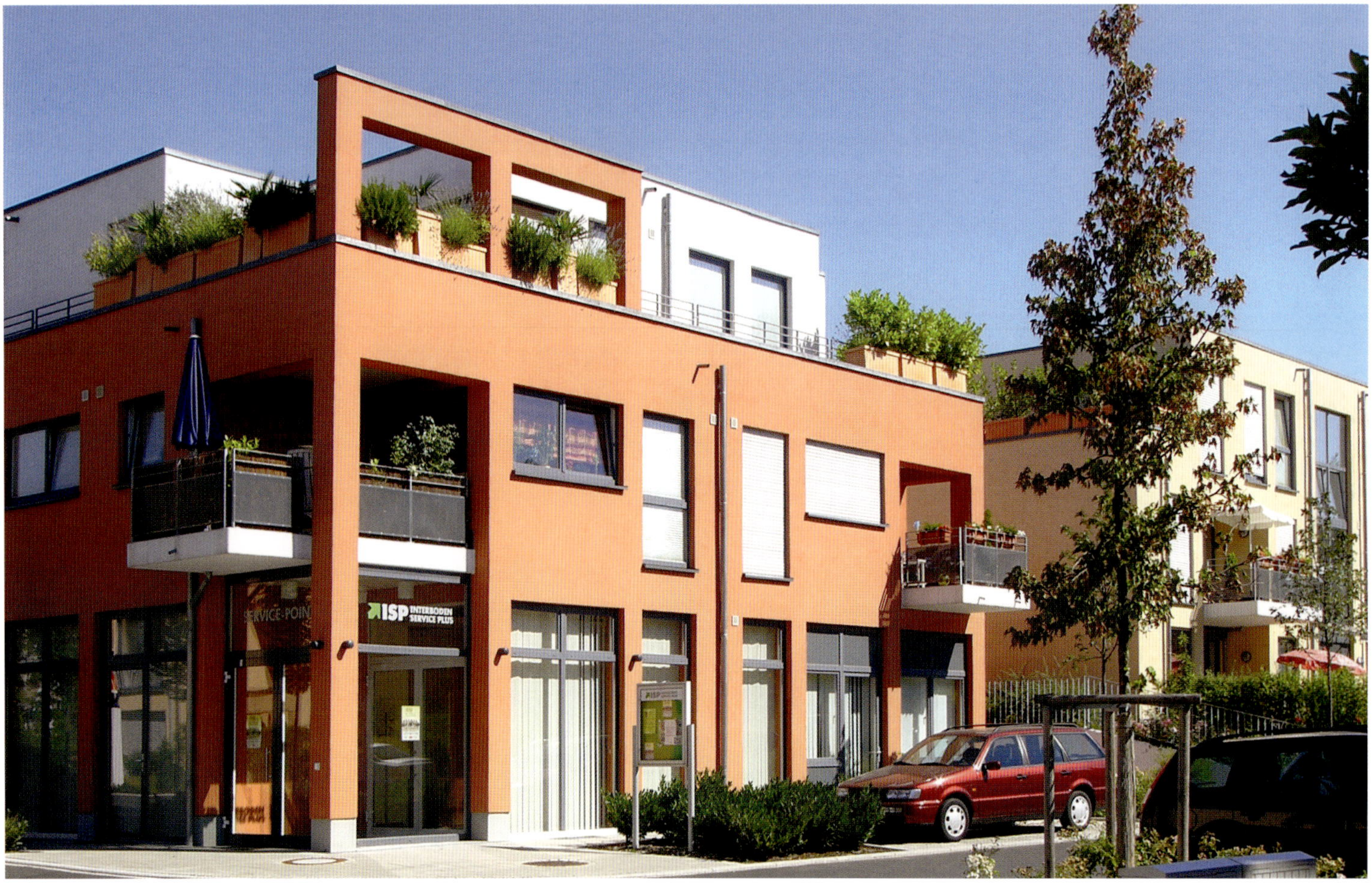
ISP INTERBODEN SERVICE PLUS

In der gesamten Bebauung
mischen sich Eigentums-
Mietwohnungen und Reihen-
häuser. Den oberen Abschluss
der Tiefgarage bilden üppig
bepflanzte Gärten und Spiel-
plätze (links oben). An der
Rezeption des Servicepoints
können Buchungen für den
Gemeinschaftsraum und die
Gästeappartements vorgenommen werden (links unten).

Der künstliche Wasserfall
wird von in Natursteinmulden
gesammeltem Regenwasser
gespeist.

3.6
Konversion eines Güter-
bahnhofs, Düsseldorf
Reiner Götzen

- Außenanlagen
- Genius Loci
- Kunst und Licht
- Landschaftsbau
- Lebenszyklen, Lebensstile, Wohnformen
- Ökologie und Nachhaltigkeit
- Ökonomie und Werthaltigkeit
- Seele
- Selbstverwaltung
- Service
- Städtebau und Architektur
- Verwaltung
- Wohngemeinschaften und soziale Netzwerke

Genius Loci

Der Derendorfer Güterbahnhof in Düsseldorf war bis in die Achtziger-jahre hinein in Betrieb. Unter den Sheddächern befand sich die Express-guthalle, hier wurden die Waren auf die Bahnsteige gerollt und von den Rampen vor der Halle auf die LKWs verladen. Das dunkle Hinterhofge-lände war von einer Backsteinmauer hermetisch für alle Unbefugten abgeschirmt. Dann lag das Gelände 20 Jahre brach. Birken schossen zwischen den Gleisen in die Höhe und verwandelten das Areal in eine schöne innerstädtische Waldkulisse. Der Bahnhof fiel dem Vergessen anheim.

Um die Jahrtausendwende zog dann ein Flohmarkt in die alte Express-guthalle. Die Gleiströge wurden geschlossen und auf der riesengroßen, fast 500 Meter langen, überdachten Fläche breitete sich einer der bes-ten Trödelmärkte aus, die weit und breit zu finden waren. Am Kopfende der Halle nistete sich das »Bistro Les Halles« ein: Szenekneipe, Theater-raum und Bühne für Diskothek und Vernissagen, Attraktion für Tausende von Trödelmarktbesuchern, Bohemiens, Alternative und für Leute, die auf der Suche nach etwas Anderem waren.

Die allmähliche Verwandlung des Gütergeländes griff nach und nach auf das Umfeld über. In den Hinterhof der alten Druckerei zog charmante Kleingastronomie, gleich daneben wird nun handgefertigter Schmuck verkauft. Der alte, gelbrote Backsteinbau wird für ein Planungsbüro liebevoll wiederhergerichtet, an den Ecken von Moltke- und Tussmann-straße eröffneten Szene-Gastronomen ihre Restaurants. In »Ab der Fisch« und der »Löffelbar« sitzen die Gäste auf rustikalen Bänken und genießen die exzellente Küche. Im Sommer reichen die Tische unter freiem Himmel bis an die Bordsteinkante. Dort, wo früher Müllhändler werkelten, befindet sich jetzt eine Malschule. Hier ist ein Stadtteil in Transformation und Wandel zu erleben, der alle geschätzten urbanen Qualitäten an einem Ort vereint.

»Klein-Paris« in Düsseldorf: Der Antikmarkt in der 500 Meter langen historischen Express-guthalle sowie das »Bistro Les Halles« haben in vier Jahren den Standort weit über die Re-gion hinaus bekannt gemacht. Genius Loci und Kreativität bil-den hier das attraktive Umfeld für modernes innerstädtisches Wohnen.

Das ist der aktuelle Geist des Ortes, der Genius Loci der Gegenwart. Er ist spannend. Facettenreich und kreativ. Jede neue Bebauung an die-sem Standort fängt diesen Geist ein und profitiert davon.

Städtebau und Architektur

Der städtebauliche Rahmen ist mit dem neuen Bebauungsplan vorge-geben. Ein fast 1.500 Meter langer neuer Parkstreifen erstreckt sich auf den ehemaligen Gleisanlagen und bildet die neue Schauseite und Längsachse dieses heranwachsenden innerstädtischen Viertels mitten in Düsseldorf, das im Volksmund auch »Klein-Paris« genannt wird. Diese Längsachse ist das städtebauliche Thema, an der sich die block-artigen Baufelder aneinanderreihen. Le Quartier Latin, das Künstlervier-tel mit Kneipen, Musik und viel anarchischer Kreativität. Les Halles, die alten Markthallen, sind das Vorbild.

131

Dieser Bezug bietet sich der Architektur als wahre Steilvorlage an. Unterschiedlichste Stadthäuser entstehen hier, alle sechsgeschossig und sich jeweils senkrecht hochreckend. Jede künstlich definierte Hausparzelle spricht eine andere Gestaltungssprache, so wie die Häuser auf der anderen Straßenseite auch: Gründerzeit gemischt mit Bauten des sozialen Wohnungsbaus der Fünzigerjahre und Klinkerfassaden der Achtzigerjahre. Die Entwürfe der unterschiedlichen Architekten ergeben ein buntes Nebeneinander der Stile und Architektursprachen wie zum Beispiel der neoklassizistisch geprägte Bau eines Vertreters der so genannten Berliner Schule.

Es bleibt vornehme Aufgabe des Initiators, einerseits die Grundrisse auf ihre Markttauglichkeit hin zu überprüfen, andererseits die innovativen Grundrissvarianten der verschiedenen Architekten mit unterschiedlichsten Wohnformen zuzulassen. Die angepeilte Zielgruppe bildet ein breites soziales Spektrum. Doch allen gemein ist der Wunsch nach einem Zuhause in der Innenstadt: Familien, Alleinstehende, Senioren,

Eine klassizistisch geprägte Fassade vor eigenständigem Baukörper wird unvermittelt in die zeitgenössische Fassadenentwicklung integriert. Architekten: ringleben & langenbahn; Atelier Prof. Niklaus Fritschi, Benedikt Stahl, Günter Baum; Jörg Toepel; Klaus Theo Brenner; Dr. Reiner Götzen Creatives Planen

Studenten. Dieser Mannigfaltigkeit entsprechen auch die unterschiedlichen Wohnungsangebote und ihre Grundrissvariationen. Um der kleinteiligen Vielfalt einen Kontrapunkt zu geben, wird die 400 Meter lange Fassadenabwicklung im südlichen Baufeld durch eine »alte« Fabrik unterbrochen, die abgelöst von den angrenzenden Hausnachbarn entsteht. Hier können Lofts eingerichtet werden, die alle wollen, doch keiner mehr findet. Warum also sollten Lofts nicht auch neu gebaut werden? Ein »UFO« landet auf dieser neuen »alten« Fabrik, das mit seiner Chrom-Stahl-Haut und drei Meter auskragend der ganzen Szenerie einen Hauch Science-Fiction verleiht.

In dieses Gebäude würde zum Beispiel eine Kneipe mit dem Flair der Zwanzigerjahre passen, aus dem Roncalli-Katalog der Bistro-Antiquitäten. Genau dieses Ambiente ist es, das den heutigen urbanen Lifestyle ausmacht.

Die unterschiedlichen Fassaden in der unmittelbaren Nachbarschaft werden in der Neubebauung als gestalterisches Thema aufgegriffen. So entsteht eine neue, lebendige Front.

Außenanlagen

Die neue Parkanlage vor der Haustür ist ideal für Kinder zum Spielen sowie für sportliche Aktivitäten wie Beachvolleyball oder Jogging, aber auch gut geeignet als lauschiger Ort zum Flanieren und Spazieren. Bänke und Biergärten bieten Gelegenheit zu Kommunikation und Begegnung, Ruhe und Kontemplation. Fragt man nach den Wohnwerten der Innenstadt, so taucht immer wieder der verschachtelte Hinterhof auf mit seinem liebenswürdigen Durcheinander unter wildem Wein und Efeu und dem uralten, knorrigen Lindenbaum. Auch wenn ein neu gebauter Innenhof erst mit der Zeit Atmosphäre gewinnt, überzeugt er mit der Abfolge von eingegrenzten, schön gestalteten Hofecken.

Rahmenplan mit Grünzone

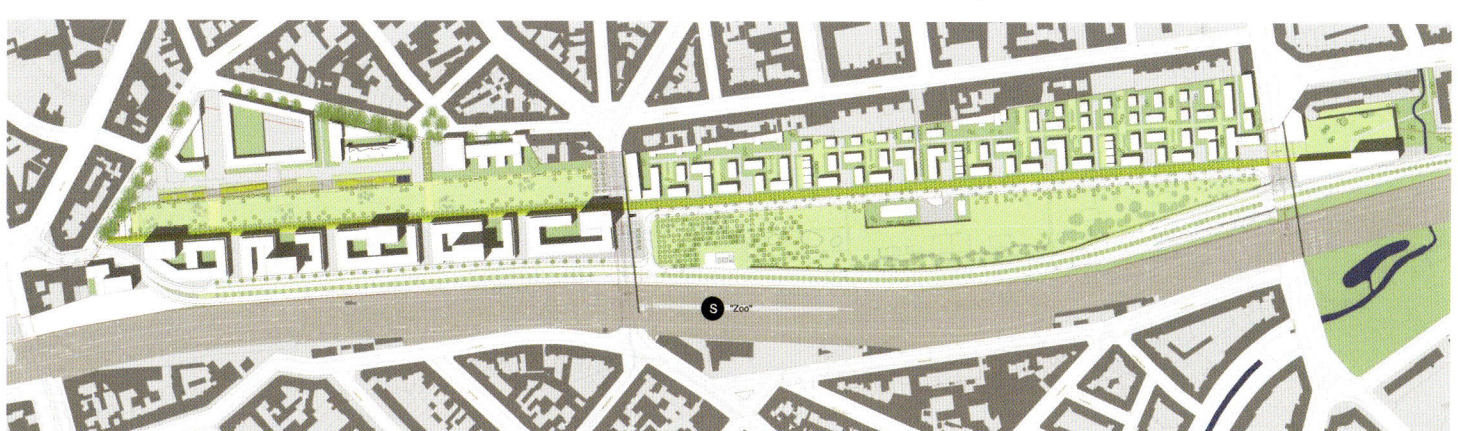

Schöner Kontrast: Einen
auffälligen Gegensatz zu den
klaren, modernen Neubauten
bildet das »Bistro Les Halles«
mit schön zusammengestellten
Fundstücken vom Antikmarkt.

Die alte Fabrik, neu gebaut. Ein »UFO« landet auf ihrem Dach. Unverwechselbarkeit und Originalität wecken Neugier auf das neue Quartier.

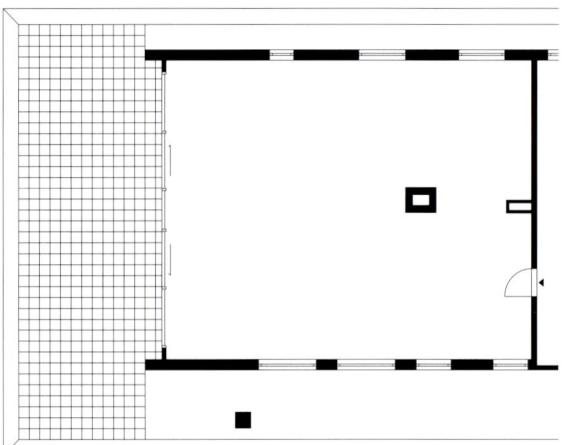

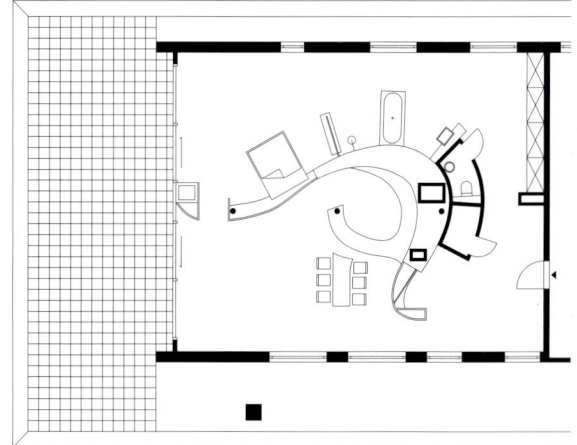

Leerer und gestalteter Grundriss: Im freien Raum der Fabriketagen gestalten Innenarchitekten die ausgefallenen Wohnvorstellungen der späteren Bewohner.

Der Innenarchitekt Ulrich Nether hat dem Rezeptions-bereich eine poppig-bunte Anziehungskraft verliehen. Das große Wandfoto verweist auf die einstigen Gleisanlagen an dieser Stelle.

Die unterschiedlich anmutenden Häuser bilden einen gemeinsamen Blockinnenhof. Im Detail wird das architektonische Spiel aus Fläche, Körper und Farbe deutlich.

Kunst und Licht

Einige alte Waagen aus der Expressguthalle wurden gesichert und auf die neue Hauszugangsrampe postiert, die sich ihrerseits auf die alten Laderampen bezieht. Ein LED-Band entlang der Rampenkante, auf dem symbolisch eine kleine einfahrende rote Lok und angehängte weiße Waggons leuchten, nimmt die alte Bestimmung dieses Areals künstlerisch wieder auf. Bewohner entdecken ihre Terrassen und die halböffentlichen Innenhöfe als Aufstellplattform für die rostigen Eisenskulpturen des österreichischen Künstlers Anatol. Eine gekonnte Beleuchtung lässt diese Kunstwerke besonders in den Abendstunden lebendig werden.

Lebenszyklen, Lebensstile und Wohnformen

Wenn an einem Ort 400 Wohnungen geplant und gebaut werden, gibt es gute Gründe und die Möglichkeit, unterschiedlichste Wohnformen zu realisieren. Die durchorientierte, schmale zweigeschossige Galeriewohnung, die gerade einmal 3,20 Meter breit ist, damit sie bezahlbar bleibt, spricht den designorientierten Yuppie mit Wunsch nach etwas Besonderem an. Die Vierzimmerwohnung mit ihrer offenen, frei in den Wohnbereich eingestellten Küche ist ein ausgesprochen kommunikatives Zuhause und mit ihren doppelten Schiebetüren und dem freien Raumfluss zwischen den Zimmern ein wenig dem Loft verwandt. Es gibt darüber hinaus auch eine Wellness-Wohnung mit eingebauter Sauna und dem zum Schlafraum offenen Badezimmer sowie das Mikro-Flat mit gerade einmal 35 Quadratmetern und eingebauter Küche für den eher temporären Bewohner.

Am meisten verbreitet ist jedoch immer noch die Standard-Wohnung für Traditionalisten, mit dem altbewährten Drei-Zimmer-Grundriss, einer abgeschlossenen Küche und separatem Gäste-WC sowie Abstellraum.

Wohngemeinschaften und soziale Netzwerke

Senioren können sich auf einer Etage des südwestlichen Eckgebäudes in eine Wohngemeinschaft einmieten. Zusätzlich zum Gemeinschaftsraum mit erhöhtem Blick auf den vorgelagerten Straßenplatz sowie Küche und TV gibt es einen Garten für die gemeinsame Nutzung. Ansonsten wohnen alle in eigenen, abschließbaren Wohnungen mit jeweils unterschiedlicher Größe und Zimmerzahl. Gemeinschaft ist hier eine Frage von Lust und Laune.

Eine weitere Form privat-gemeinschaftlichen Wohnens praktizieren befreundete Ehepaare. Sie kaufen sich in nahe gelegene Penthaus-Wohnungen im selben Gebäude oder in verschiedenen (Treppen-)Häusern dieses neuen Quartiers ein und genießen die Möglichkeiten zum geselligen Miteinander bei gleichzeitig garantierter Privatsphäre.

Auch eine Krabbelstube ist vorgesehen. Versuchsweise wird sie hier direkt neben der Rezeption eröffnet und bleibt den vier bis sechs Kleinkindern im Alter von null bis drei Jahren vorbehalten. Möglicherweise finden sich auch gestandene Mütter aus der Wohngemeinschaft, die hier, unterstützt durch den Service vor Ort, stundenweise die Betreuung übernehmen.

Es bieten sich vielfältige Möglichkeiten der Vergemeinschaftung für alle Generationen.

Puristische Möblierung im
klassizistisch geprägten Neubau mit großflächiger Terrasse:
ein hoher Wohnwert.

Küche, Wohnraum und Arbeitszimmer verbinden sich mit der
Terrasse zu einem freien, großzügigen Raumfluss. Integriert
ist eine eigene Sauna oder ein
Ankleideraum.

Die klassische Atmosphäre
dieser Wohnung erhält durch
den integrierten Lichthof eine
besondere Qualität.

Wohnen mit Loft-Charakter: Der offene Raum integriert Aufenthalts- und Essbereich. Schlafzimmer mit Wellness-Landschaft.

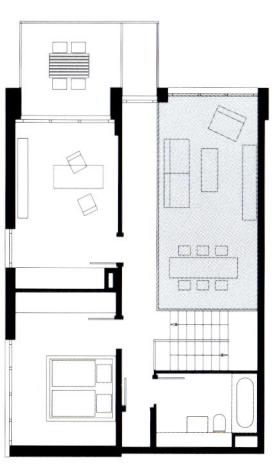

Galeriewohnung: Dank der oberen zweiten offenen Ebene weitet sich das Raumgefühl.

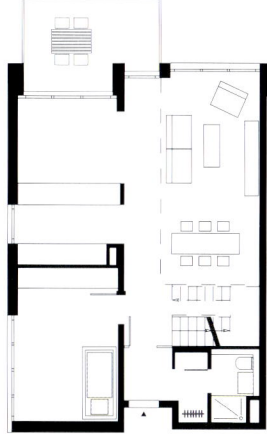

Die untere Wohnebene der Galeriewohnung verfügt über einen großen Balkon.

Dem Servicepoint zugeordnet:
Gästeappartement (oben),
Rezeption (mitte) und Gemein-
schaftsraum (unten).

Verwaltung und Service

Der Servicepoint als zentrale Anlaufstelle für die Wünsche der Bewohner ist an der markanten Ecke des mittleren Baufeldes platziert. Hier kann man alle haushaltsnahen Dienste buchen: Fenster- und Wohnungsreinigung, Wasch- und Bügelservice, Urlaubsbetreuung der Wohnung oder Gästeappartements für den Besuch. Dieses Angebot wird über Zeiteinheiten verrechnet. Dem Servicepoint zugeordnet sind Gemeinschaftsräume für die Familienfeier, das Geschäftstreffen, die kleinere und größere Begegnung. Auf Wunsch wird auch ein Catering organisiert. Hier hat die Krabbelstube ihr kleines Domizil ebenso wie der Bastelkreis. Auch die Seniorengruppe findet im Bedarfsfall tatkräftige Unterstützung.

Da Verwaltung und Service aus dem gleichen Unternehmen heraus organisiert sind, erhält der täglich zumindest stundenweise besetzte Servicepoint zusätzliche Aktualität. Gerade die Anfangssorgen während der Eingewöhnungsphase können hier besprochen werden; die neuen Bewohner finden Hilfe bei der Anmeldung und zu praktischen Fragen des Einzugs, falls dieser nicht durch den Relocation-Service des Projektentwicklers oder ein Partnerunternehmen organisiert wird. Der Servicepoint ist darüber hinaus auch die erste Anlaufstelle, wenn es um das heikle Thema der Mängelbeseitigung geht. In einer solchermaßen verschachtelten sozialen Nachbarschaft mit ihren vielfältigen Regelungen in Kauf- und Mietvertrag wird Verwaltung hinsichtlich Kostenabrechnung und Betreuung der Bewohner zu einer höchst anspruchsvollen Aufgabe und stellt gleichzeitig eine zwischenmenschliche Herausforderung dar, um allen Erwartungen gerecht zu werden.

Ökologie und Nachhaltigkeit

Maßnahmen zur Ressourcenschonung sind für den dritten Bauabschnitt vorgesehen. Hier wird eine energiesparende geothermische Heiztechnik installiert.

Ökonomie und Werthaltigkeit

Die Zusatzkosten für die dargestellten Mehrwerte werden akzeptiert, weil die Bewohner diese als berechtigt, angemessen und fair empfinden. Die überschaubaren Aufwendungen stehen in einem nachvollziehbaren Verhältnis zur hinzugewonnenen Lebensqualität. Wirtschaftlich bauen die Käufer im Vertrauen auf die urbane Lebensfreude und auf das Entwicklungspotenzial dieses wachsenden neuen Viertels. Hier entwickelt sich ein Wohnumfeld in gesicherter Lage mit vielfältigen Qualitäten, das mit seiner voranschreitenden Entwicklung im Wert steigen wird. Selbst die institutionellen Investoren würdigen diese Qualitäten und verbinden sie mit einer erhöhten Wertänderungsrendite.

Seele

Jeder Bewohner und Besucher dieses Quartiers wird die Seele, die innere Qualität und die Stimmung dieser Nachbarschaft anders erleben. Aus der Verdichtung der Möglichkeiten, aus der Gestaltung der Einzelbauten und der Atmosphäre des Ensembles, aus den freundlichen Ansprechpartnern im Servicebereich, aus der Durchmischung eines vielschichtigen Publikums gewinnt diese Nachbarschaft das, was man Seele nennt.

Zwei eingeschnittene Innenhöfe ermöglichen in diesen Erdgeschosseinheiten privates, von Einsicht und Verkehrslärm abgeschirmtes Wohnen.

3.7

Konversion eines
Klinikgeländes, Wuppertal

Bodo Küpper

- Außenanlagen
- Genius Loci
- Kunst und Licht
- Landschaftsbau
- Lebenszyklen, Lebensstile, Wohnformen
- Ökologie und Nachhaltigkeit
- Ökonomie und Werthaltigkeit
- Seele
- Selbstverwaltung
- Service
- Städtebau und Architektur
- Verwaltung
- Wohngemeinschaften und soziale Netzwerke

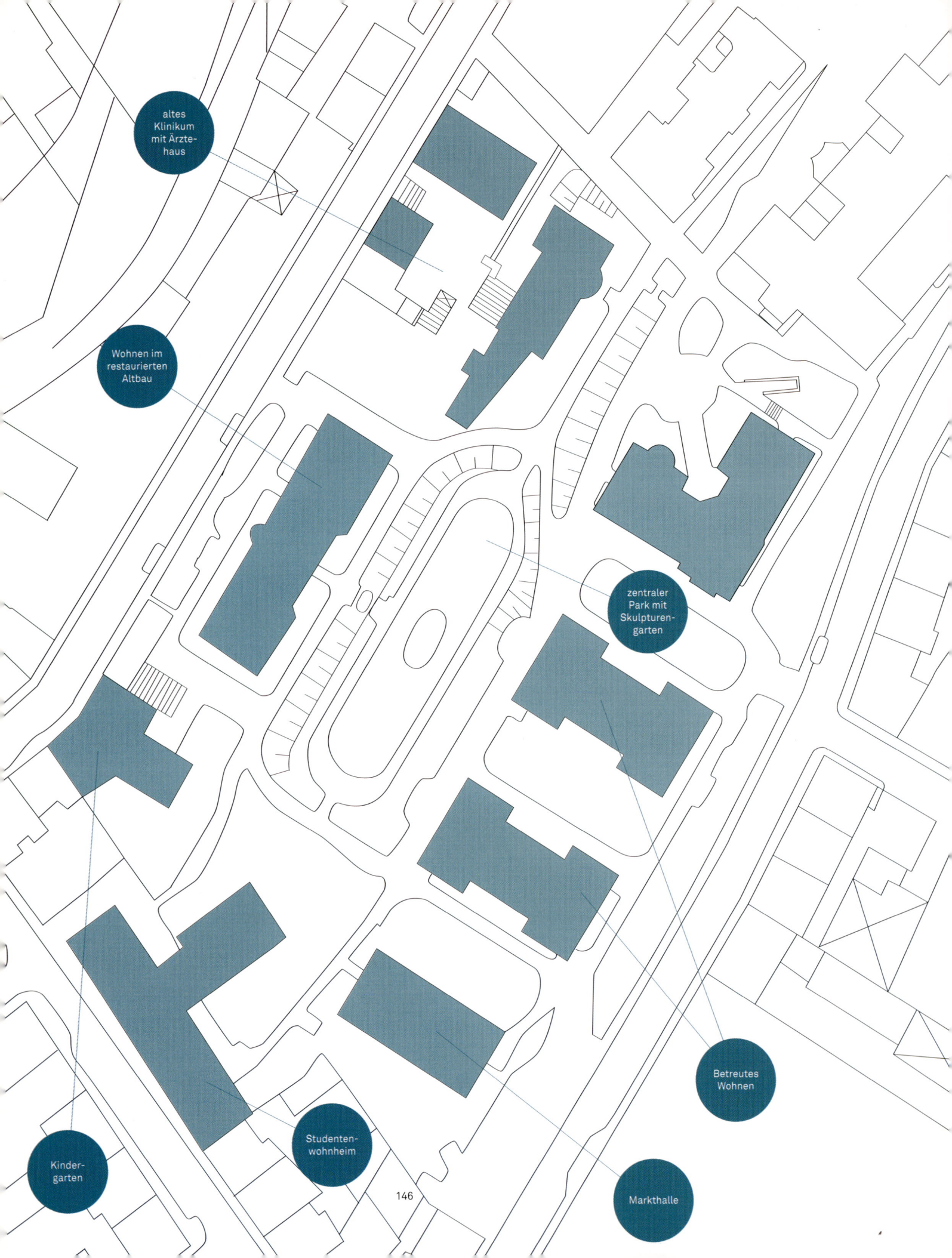

altes
Klinikum
mit Ärzte-
haus

Wohnen im
restaurierten
Altbau

zentraler
Park mit
Skulpturen-
garten

Betreutes
Wohnen

Kinder-
garten

Studenten-
wohnheim

Markthalle

Aus einem frühen Workshop ist das vielfältige Nutzungskonzept der Arrenberg'schen Höfe entstanden. Das Projekt beweist nicht nur viel Fantasie, sondern auch Mut.

Konversion eines Klinikgeländes, Wuppertal
Projektentwicklung: Bodo Küpper
Projekttitel: Arrenberg'sche Höfe

Nicht ohne Grund wurde das Areal des einstigen Ferdinand-Sauerbruch-Klinikums kostengünstig auf dem Immobilienmarkt angeboten: ein buntes Gemisch historischer Baudenkmäler, mit einem abbruchreifen Schwesternheim und veralteten Klinikgebäuden, die um einen fabelhaften Park gruppiert sind und in der Nähe zur Innenstadt liegen. Die Umgebung ist sozial eher instabil und heterogen. So gesehen traf der Unternehmer eine mutige Kaufentscheidung. Bei der Entwicklung dieses Projekts ist er auf seine Fantasie angewiesen.

Die vorhandenen Gegebenheiten aufgreifend, hat er unterschiedlichste Nutzungen aus Handel, Wohnen, Freizeit, Kunst und Kultur zu einer Lebenswelt par excellence verdichtet, in der weder Kindergarten noch Ärztehaus und Full-Service fehlen.

Nicht nur Auszüge aus der Prospektierung, sondern auch die gelungene Umsetzung vor Ort spiegeln dieses bewusste, ganzheitliche Konzept in all seinen Facetten wider. Während das zu Studentenwohnungen umgewandelte ehemalige Schwesternheim und die durchsanierten Residenz-Wohnungen auf Anhieb erfolgreich waren, harrt die Markthalle noch ihrer nachhaltigen Bestimmung.

Da das Servicepersonal täglich die Reinigung der großen Gemeinschaftsküche übernimmt, kommt es in diesem etwas anderen Studentenwohnheim nicht zu den üblichen Vernachlässigungen.

Die Funktionstüchtigkeit der historischen Markthalle erwies sich als schwierigster Baustein im Gesamtkonzept. Sie dient heute als Garagenhalle.

In dem zentralen Parkbereich zwischen den Stadt-Residenzen werden demnächst von einer stadtbekannten Kunstgalerie, die sich hier eingekauft hat, Skulpturen entlang des Promenadenwegs ausgestellt.

So hat sich eine Situation ergeben, von der alle Beteiligten profitieren. Allein für die Markthalle war eine rasche Lösung nicht möglich. Für eine auf Laufkundschaft angewiesene Nutzung liegt sie zu versteckt und auch die Forderung nach einer angemessenen Stellplatzzahl lässt sich nicht erfüllen. Der Unternehmer war daher zu einer pragmatischen Alternative gezwungen und wandelte die Markthalle zu einer Garagenhalle um. Sie befreit das denkmalgeschützte Gelände von dem Parkierverkehr und bringt damit eine zusätzliche Aufenthaltsqualität. Diese nachträgliche Adaption erzeugte durchaus Mehrwerte, die sogar mit Fördermitteln honoriert wurden.

Der Erfolg der Arrenberg'schen Höfe hat auch zu einem Wandel in der näheren Umgebung geführt: Viele der umliegenden Gründerzeithäuser wurden endlich neu gestrichen.

Gesamtkonzept

Der mediterran anmutende Park der Anlage bietet ein grandioses Umfeld. Das neobarocke Gebäudeensemble ist von überragender historischer Substanz und bestens geeignet, Urbanität mit Kunst und Savoir-vivre zu verbinden. Am Arrenberg bündelt sich die Vision eines ganzheitlichen Konzeptes vom Lebensraum der Zukunft, in dem Revitalisierung Priorität genießt. Der Bewahrung des Erhaltenswerten wird dabei ein höherer Stellenwert eingeräumt als dem Profit um jeden Preis.

Das Quartier verfügt über eine ideale Infrastruktur und wird als autofreies Areal mit separatem Garagengebäude und anliegenden Stellplätzen angelegt. Dass gründerzeitliche Quartiere als identifikationsstiftende Räume der Stadt von zentraler Bedeutung für das Wohnen der Zukunft sind, ist unbestritten. Wohnen im revitalisierten Denkmal ist zudem eine Chiffre für Individualität und Stilbewusstsein geworden; der Trend zum »Zurück in die Innenstadt« hält an. Die 1863 in einem eigens geplanten Landschaftspark fertig gestellten neobarocken Gebäude wurden mit Respekt vor der historischen Substanz und Liebe zum Detail restauriert. Auf behutsame Weise werden die alten Strukturen in die Moderne überführt und für ein zeitgemäßes, höchsten Ansprüchen genügendes Wohnen rehabilitiert. Was andernorts einer opulenten Inszenierung bedarf, ist hier ursprüngliche Qualität. Das ambitionierte Vorhaben wurde gut ein Jahr unter Verschluss gehalten, um die Vision einer neuen Nutzung, bei der Wohnen, Arbeiten, Handel, Freizeit sowie Kunst und Kultur im Miteinander harmonieren, nicht vorzeitig zu zerreden.

Die Bedenken hinsichtlich der Nähe zu einem innerstädtischen Problemviertel gehören mittlerweile der Vergangenheit an; die Arrenberg'schen Höfe haben sich längst zum attraktiven Vorzeige-Objekt mit Strahlkraft entwickelt und sind zur gefragten Marke für Käufer, Mieter und Kapitalanleger geworden.

Stadt-Residenzen

Die Begeisterung für die Stadt-Residenzen Arrenberg'sche Höfe hat mehrere Gründe: architektonisch brillante Häuser im neobarocken Stil inmitten einer Grünlandschaft in der Nähe zur City sowie eine gut ausgebaute Infrastruktur mit Markthalle, Kindergarten, Ärztehaus und Pkw-Stellplätzen auf dem Gelände.

Hier entstanden 52 Wohneinheiten zwischen 47 und 167 Quadratmetern, einige in Maisonette-Ausführung, die zum Teil über solche architektonischen Besonderheiten wie Turmzimmer verfügen.

Da sich denkmalgeschützte Immobilien generell als wertstabile, renditeträchtige und steuerbegünstigte Anlagemöglichkeit etabliert haben, ist die Nachfrage verständlich.

Die einstigen Krankenzimmer in den gründerzeitlichen Klinikgebäuden wurden zu zeitgemäßen Wohnungen zusammengelegt, die vom Charme der Geschichte zehren. Die Kunstgalerie vor Ort verkauft Skulpturen, die im Park als temporäre Leihgaben ausgestellt werden: eine attraktive Symbiose für beide Seiten, für die Bewohner wie für die verkaufende Galerie. Auch der Kindergarten floriert und in einen Teil der historischen Gebäude zieht ein medizinisches Beratungs- und Schulzentrum, das von der ausgefallenen Atmosphäre profitiert.

Das Schwesternheim des ehemaligen Ferdinand-Sauerbruch-Klinikums war in einem eher traurigen Zustand und sollte deshalb abgerissen werden. Der Initiator der Arrenberg'schen Höfe hatte jedoch eine andere Idee. Er besann sich auf die wohnungssuchenden Studenten der Bergischen Universität Wuppertal und schuf durch eine einfache Revitalisierung kostengünstigen Wohnraum unter dem Motto »Wohnen zu einem Drittel des BAföG-Satzes«.

Mit sehr überschaubaren Mitteln ist die Fassade erneuert worden. Die kleinen, meist 13 Quadratmeter großen Zimmer wurden mit einem Kleiderschrank im alten Alkoven ergänzt und bisweilen sogar mit einem Waschbecken versehen. Die WC-Anlagen bleiben im aufpolierten Altzustand, so dass die Seilzüge an den Wasserkästen ebenso wie die gelbschwarzen Majolika-Fliesen auf dem Boden erhalten sind.

Das marode einstige Schwesternheim ist erfolgreich zu einem Studentenwohnheim umgewandelt worden.

Sauberkeit durch täglichen Service überspielt die Einfachheit der »alten Sanitäranlagen mit historischem Charme« und macht das gemeinsame Kochen zum wichtigen Begegnungselement der internationalen Studentengemeinschaft.

3.8
Umnutzung leer stehender Büroflächen, Düsseldorf
Klaus Moskop

- Außenanlagen
- **Genius Loci**
- Kunst und Licht
- Landschaftsbau
- **Lebenszyklen, Lebensstile, Wohnformen**
- Ökologie und Nachhaltigkeit
- **Ökonomie und Werthaltigkeit**
- **Seele**
- Selbstverwaltung
- **Service**
- Städtebau und Architektur
- Verwaltung
- **Wohngemeinschaften und soziale Netzwerke**

Umnutzung leer stehender Büroflächen
Projektidee: Klaus Moskop
Projekttitel: WG-Café

Die Möblierung der Zimmer: einfach aber komplett. Ein Koffer genügt zum Einzug (oben). Die Gemeinschafts-Waschanlage: Einst verschmähter Jugendherbergsstandard – hier akzeptiert als temporäre Lösung (unten).

Es ist eine geradezu klassische Situation für junge Menschen am Beginn ihrer beruflichen Laufbahn: Eine 20-jährige Germanistikstudentin aus Schweden möchte für ein Auslandssemester nach Düsseldorf gehen, ein 28-jähriger Rechtsreferendar beginnt hier ein dreimonatiges Praktikum bei einer internationalen Anwaltskanzlei, ein junger Bankkaufmann aus Süddeutschland startet ein Trainee-Programm am Rhein. Sie alle verfügen nur über beschränkte finanzielle Mittel und können sich weder eine Pension, ein Hotel noch ein Boardinghaus leisten. Für den zeitlich begrenzten Aufenthalt in der Stadt lohnt sich die Anschaffung von neuen Möbeln nicht und außerdem hätten die Neuankömmlinge gern eine Unterkunft, die nicht nur über solche Annehmlichkeiten wie Internet oder Telefon verfügt, sondern auch die soziale Kontaktaufnahme erleichtert. Wohin also?

Sie ziehen in das WG-Café von Klaus Moskop in Düsseldorf.

»Neue Stadt, neues Glück«. Neben den beruflichen Zielen ein weiterer Grund für einen Umzug nach Düsseldorf. Wer hier das Leben, Leute und Freunde vermisst, sollte dem WG-Café einen Besuch abstatten: einer Wohngemeinschaft, in der über 40 Personen im Alter von 20 bis 35 Jahren absolut stadtmittig zusammenwohnen.

Die Idee ist einfach und konsequent: Leer stehende Büro- und Verwaltungsgebäude ab einer Größe von 1.000 Quadratmetern werden angemietet und flugs saniert. Daraus entstehen Wohngemeinschaften, in denen bis zu 40 Personen unter einem Dach wohnen. Zum einen können neue Leute neue Kontakte knüpfen, zum anderen hat man seine eigenen vier Wände...

Die durchschnittliche Wohnzeit der Mieter beträgt sechs Monate. Eventuell liegt es auch daran, dass man nach einem halben Jahr halb Düsseldorf kennt. Die meisten bleiben jedoch länger und ziehen eigentlich nie ganz aus. Jedem ehemaligen WG-Bewohner stehen Tür und Tor jederzeit weit offen. So trifft man am Wochenende immer wieder auf alte WGler, die sich selbst zu Bier und Kaffee einladen.

Der Mietpreis von etwa 20 Euro pro Quadratmeter rechtfertigt sich schon allein durch das darin enthaltene »Komplettpaket«. Sämtliche Nebenkosten, eine Putzfrau, WLAN-Flat sowie gut hergerichtete Räume und die zentrale Wohnlage sind enthalten. Ebenfalls inklusive: interessante Mitbewohner. Die Fotografin aus Österreich, der Jurastudent aus Bulgarien oder die Profisportler aus Nigeria. Aber auch innerhalb der Landes- und Sprachgrenzen geht es bunt zu: Südtirol, Stuttgart oder Kiel – Praktikant, Werbetexter oder Investmentbroker. Trotz oder gerade wegen dieser Mischung aus Beruf, Alter und Herkunft nervt hier selten einer den anderen. In der Riesen-WG lebt man mit- statt gegeneinander.

Jeden Abend köcheln auf dem Herd Gerichte aus aller Herren Länder. Die Küche ist groß, das Besteck vollzählig und den Abwasch erledigt die große Industriespülmaschine. Aufgrund von genügend Koch- und

Sanitärräumen ist man sich beim morgendlichen Duschen oder Abendbrot nur selten im Weg. Auch steht morgens nicht jeder zur gleichen Zeit auf und nicht jeder kommt abends zur gleichen Zeit zurück in die WG. Wer dann Lust hat, etwas zu unternehmen, ist nie allein. Die große Küche, der Balkon oder das Fernsehzimmer bieten viel Raum für Abwechslung. Egal ob zum Pokern, Grillen oder einfach nur Kaffee trinken.

Wer nun auf den Gedanken kommt, dass es sich hier um eine reine Party-WG handelt, liegt falsch. Auch wenn immer etwas los ist, bieten die eigenen vier Wände doch die nötige Ruhe, um zu lernen, zu lesen oder einfach nur zur Erholung. Das Multimedia-Zeitalter ist am WG-Café ebenfalls nicht spurlos vorbeigegangen. Plasmafernseher mit DVD, Videobeamer und Spielkonsole gehören zum Inventar. Daneben steht aber auch »stromlose« Unterhaltung wie Uno oder Schach auf der Tagesordnung.

Die kleine, aber durch und durch großstädtisch geprägte Lebenswelt entspricht den Bedürfnissen einer exakt definierten Zielgruppe passgenau. Seine »Seele« und Authentizität erhält das Projekt durch die Glaubwürdigkeit des Initiators, der seine Idee mit Leben erfüllt und ihr so eine große Anziehungskraft zu geben imstande ist.

Viel Raum für Abwechslung:
Das zentrale Wohnzimmer mit
secondhand Designermöbeln
und Cassani-Couch (oben).
Fernsehraum mit IKEA-Anleihen (unten).

Der aufgestelzte »moderne
Altbau« galt als unvermietbar.
Mit der neuen Nutzung als
WG-Café war er innerhalb eines
Monats hoch renditeträchtig
neu vermietet.

155

3.9

Genossenschaftssiedlung, München

Elisabeth Hollerbach

- Außenanlagen
- Genius Loci
- Kunst und Licht
- Landschaftsbau
- Lebenszyklen, Lebensstile, Wohnformen
- Ökologie und Nachhaltigkeit
- Ökonomie und Werthaltigkeit
- Seele
- Selbstverwaltung
- Service
- Städtebau und Architektur
- Verwaltung
- Wohngemeinschaften und soziale Netzwerke

Genossenschaftssiedlung, München
Projektentwicklung: Elisabeth Hollerbach
Projekttitel: wagnis1

In dem Neubaugebiet in attraktiver Lage zwischen Olympiapark und Schwabing gelingt ein im Wortsinn großes Wagnis. Eine eingetragene Genossenschaft realisiert mit Erfolg ökologisch und sozial orientierten sowie zugleich gestalterisch attraktiven Wohnungsbau und bildet eine eingeschworene Bauherrengemeinschaft, in der die unterschiedlichen Interessen unter einem gemeinsamen Dach vereint sind. Die Genossenschaft steht unter kompetenter professioneller Leitung eines geschäftsführenden Vorstands. Das Vorhaben schweißt eine Gemeinschaft zusammen, die ihr Sinn, Inhalt und Identität gibt: die Seele.

Am Anfang steht die Vision! Am Anfang dieses Projekts stand die Vision von einem innerstädtischen Quartier, das ein gutes, angenehmes Wohnen in allen Lebensphasen und im Einklang mit den eigenen und den Bedürfnissen anderer Menschen ermöglicht. Die Vision von Für-Sich-Sein und gemeinsamer Tätigkeit.

Die Vision von einem achtsamen Leben in überschaubarer Nachbarschaft mit Menschen unterschiedlichster Biografien und jeden Alters. Die Vision von Wohnen und Arbeiten in einer Stadt der kurzen Wege, in der sich die verschiedenen Fähigkeiten der Bewohner/innen lebens- und stadtteilgestaltend entfalten können.

Wie wir in Zukunft leben, wohnen und arbeiten wollen, das liegt in unserer Hand!

Das wagnis-Quartier am Ackermannbogen in München ist nicht nur überzeugendes architektonisches Ergebnis einer Bauherrengemeinschaft, sondern spiegelt in dem buntbepflanzten Erschließungsgang, den Nutz- und Ziergärten sowie den Spielflächen das Streben der hiesigen Bewohner nach Gemeinschaft wider. Architekt: A2architekten, Freising

Aus am Anfang drei Initiativen entstand das Wohnprojekt wagnis = wohnen und arbeiten in gemeinschaft; nachbarschaftlich, innovativ und selbstbestimmt.

wagnis spricht Menschen an, die sich für ein nachbarschaftliches, ökologisches und gesundes Wohnen und Arbeiten einsetzen und gemeinsam planen, bauen und leben wollen – mit den Zielen:

— Aufbau von solidarischen und selbstverwalteten Hausgemeinschaften,
— generationenübergreifendes Wohnen, selbstbestimmtes Leben bis ins hohe Alter,
— Entfaltungsmöglichkeiten für Menschen aller Generationen, insbesondere für Kinder,
— lebendige Nachbarschaften und kommunikative Netzwerke, in denen Austausch, gegenseitiges Helfen, Teilen, Lernen, Feiern, aber auch Rückzug selbstverständlich sind,
— verantwortungsvoller Umgang mit unseren Lebensgrundlagen in einem urbanen und gesunden Umfeld.

Diese Werte und Ziele sind Bestandteil eines wirtschaftlich tragfähigen Konzeptes für neue Siedlungsmodelle geworden, in denen Wohnen und Leben im Ganzen eine Heimat findet und die Menschen darin ihr Wohnumfeld mitgestalten und sich zu Hause fühlen. Die Rechtsform, die die Gemeinschaft dabei am besten schützt, ist die Genossenschaft.

wagnis ist eine junge Genossenschaft. Sie wurde im Jahr 2000 mit 21 Mitgliedern gegründet und verzeichnete im Jahr 2007 bereits annähernd 600 Mitglieder. Die Rechtsform Genossenschaft bedeutet Selbst- und Gemeinschaftsorganisation, Mitbestimmung und Selbstverwaltung. Sie ist demokratisch aufgebaut. Jedes Mitglied hat unabhängig von seinen eingezahlten Geschäftsanteilen eine Stimme, das höchste Organ ist die Mitgliederversammlung.

Das gesamte Projekt ist Gemeinschaftseigentum, in dem die Wohnenden »Mieter im eigenen Haus« sind. Sie besitzen ein lebenslanges Wohnrecht und zahlen auf Dauer günstige Mieten. Die Einlagen der Genossen bilden die wirtschaftliche Basis. Diese betragen etwa 30 Prozent des Gesamtinvestitionskapitals, darin enthalten sind auch die Finanzierungen für die Gemeinschaftseinrichtungen, an denen sich jeder hier wohnende Genosse beteiligt.

Zweck der Genossenschaft ist die Förderung ihrer Mitglieder vorrangig durch eine sozial und ökologisch verantwortbare Wohnungsversorgung.

In jedem Haus des Projekts leben sowohl »Miet-Genossen« als auch Eigentümer unter einem Dach. In den Wohnungen für Ein-Personen- bis Sechs-Personen-Haushalte leben Menschen aller Altersstufen.

Um diese Mischung zu ermöglichen, tritt die Wohnbaugenossenschaft als Dachorganisation auf, unter der sich die Häuser und unterschiedliche Einrichtungen mit verschiedenen Rechtsformen zusammenfinden. In einzelnen Gebäuden wurden zum Beispiel Bauherrengemeinschaften beziehungsweise Gesellschaften bürgerlichen Rechts (GbR) gebildet, in denen die eingetragene Genossenschaft jeweils mehrheitlicher Gesellschafter ist. Darüber hinaus gibt es einen gemeinnützigen Verein, der die Trägerschaft der Nachbarschaftsbörse (Bewohnertreff) übernommen hat.

Die »zweischichtige Fassade«
gibt Raum für lebendige Er-
schließungsgänge mit privaten,
üppig bepflanzten Terrassenflä-
chen sowie Bänken und Tischen
zur persönlichen Begegnung:
Kommunikation stiftet Gemeinsamkeit.
Architekt: A2architekten,
Freising

Wer hier lebt, ist nicht allein: Im Quartier gibt es Projekt- und Quartiersplätze für unterschiedliche Nutzungen, lichte und verbindende Durchgänge für Veranstaltungen, Gemeinschaftsgärten und Gemeinschaftsterrassen.

Das wagnis-Quartier am Ackermannbogen

Das Neubaugebiet am Ackermannbogen in München geht auf das Siedlungsmodell »Offensive Zukunft Bayern« zurück, das zum Ziel hatte, Wege zu einem kostengünstigen, ökologischen und sozialen Städte- und Wohnungsbau aufzuzeigen.

Die erste Wohnanlage umfasst vier Häuser mit 7.381 Quadratmetern Nutzfläche, die sich auf 92 Wohnungen, das Speisecafé »Rigoletto«, den Backshop, die Nachbarschaftsbörse, drei Gästeappartements sowie Praxis- und Arbeitsräume verteilen. Dazu gehören außerdem die Kunst- und Kulturpassage, ein öffentlicher und ein intimerer Projektplatz, ein Gemeinschaftsgarten sowie Gemeinschaftsterrassen und weitere Gemeinschaftsräume. Die Häuser wurden zwischen Oktober 2004 und März 2005 fertig gestellt.

Die zweite Wohnanlage befindet sich ebenfalls am Ackermannbogen, nur wenige Minuten vom ersten Projekt entfernt. Hier wurden im Rahmen des Projekts »Solare Nahwärme am Ackermannbogen« (SNAB) 45 geförderte und frei finanzierte Wohnungen sowie Gästezimmer, ein großer Gemeinschaftsraum, ein Werkkeller und eine Gemeinschaftsterrasse mit großem Hof sowie ein Gemeinschaftsgarten errichtet. Die Nutzfläche beträgt 3.351 Quadratmeter. Diese Anlage wurde im Oktober 2006 bezogen.

Gemeinsames Planen und Bauen für eine lebendige Nachbarschaft

Schon in der Vorlaufphase gab es regelmäßige Informationsveranstaltungen, in denen das Konzept vorgestellt wurde, so dass bei Planungsbeginn etwa 60 Prozent der zukünftigen Bewohner bereits Mitglied in der Genossenschaft waren und sich verbindlich am Planungsprozess beteiligten. Während der Planung konnten weitere Interessenten für die restlichen Wohnungen gefunden werden, so dass bis zum Kauf des Grundstücks und Baubeginn nahezu für alle Wohnungen die zukünftigen Bewohner feststanden.

In Haus- und Arbeitsgruppen, in Workshops und Plenen wurde gemeinsam geplant und entschieden. Dort lernten sich allmählich auch die zukünftigen Bewohner kennen. Diese Beteiligung bis hin zur selbstorganisierten »Selbsthilfe am Bau« wirkte identitätsstiftend, förderte das Engagement und sensibilisierte für die planerische und bauliche Umsetzung der gemeinsamen Ziele und Werte.

Nachbarschaftsfördernde Architektur

Mit der Planung der beiden Wohnanlagen wurden zwei Architekturbüros beauftragt, die sich durch eine hohe Partizipationsfreundlichkeit auszeichnen. So entstanden jeweils herausragende Entwürfe, die den unterschiedlichsten Wünschen und Vorstellungen der Bewohner weitestgehend Rechnung tragen:

— Geschoss- und Maisonettewohnungen mit flexiblen Grundrissen,
— Schaltzimmer für sich verändernde Haushaltsgrößen,
— Laubengangerschließungen mit Erweiterung durch Decks oder Freiflächen, auf denen Begegnung möglich ist,
— Nischen und zusätzliche Flächen mit Aufenthaltsqualität vor Wohnungen und in Treppenhäusern,
— Projekt- und Quartiersplätze, lichte und verbindende große Durchgänge für Veranstaltungen, Gemeinschaftsgärten, Gemeinschaftsterrassen;
— verschiedene Gemeinschaftsräume wie ein Bewohnertreff, ein Speisecafé, Gästeappartements, Büro- und Praxisräume, Werkkeller ...

Wohnumfeld

Bei ökologisch und förderungstechnisch bedingtem, flächensparendem Bauen gewinnen gemeinschaftliche Einrichtungen, öffentliche Räume und Infrastruktureinrichtungen eine besondere Bedeutung. Diese sowie »weiße Flächen« zur gemeinsamen Aneignung werden als Erweiterung der eigenen Wohnfläche verstanden und genutzt.

Unter »weißen Flächen« sind zum Beispiel die Decks, Nischen, Laubengänge, Gemeinschaftsterrassen, Gemeinschaftsräume in jedem Haus sowie Plätze und Straßen zu verstehen. Die Straßen hier sind Wohn- und Spielstraßen, auf denen nahezu kein Autoverkehr stattfindet. Sie werden vor allem von Kindern und Jugendlichen frequentiert. Es finden aber auch Feiern, Flohmärkte und sonstige Veranstaltungen statt.

Das Speisecafé »Rigoletto« sorgt für täglich frische Backwaren, deckt einen kleinen Teil des Lebensmittelbedarfs und steht für kulturelle Veranstaltungen zur Verfügung. Jeweils am Mittwoch findet im Durchgang des »Rigoletto« ein Öko-Markt statt. In der Nachbarschaftsbörse gibt

Das wagnis-Quartier ist auch für die Bewohner der angrenzenden Viertel ein besonderer Anziehungspunkt. Urbane Lebensqualität und nachbarschaftliche Vernetzung sind maßgebliche Faktoren für die Attraktivität dieses Projekts.

Das Café »Rigoletto« mit an-
geschlossener Bäckerei bietet
täglich frische Speisen und
Backwaren aus ökologischer
Herstellung. Darüber hinaus
werden seine Räumlichkeiten
von den Bewohnern auch für
kulturelle Veranstaltungen
(Kleinkunst, Lesungen, Ausstel-
lungen) genutzt.

es durch Bewohner organisierte Kurse wie Yoga, Aquarellmalerei oder
Hausaufgabenbetreuung. Hier treffen sich Eltern-Kind-Gruppen, darüber hinaus hat sich ein Kinder-Parlament gegründet.

Die Bewohner kümmern sich um ihre alleinstehenden, alleinerziehen-
den, kinderreichen, behinderten und älteren Nachbarn aus dem gesamten Quartier.

Mitten im Neubauquartier am Ackermannbogen ist auf diese Weise
ein Zentrum entstanden, das von allen Nachbarn als besonderer Anziehungspunkt gewertet wird. Es steht für urbane Lebensqualität und
nachbarschaftliche Vernetzung.

Aus der Sicht eines herkömmlichen Projektentwicklers ist dieses
Projekt eine außergewöhnliche Realisierungsform. Die wirtschaftliche
Wertabschöpfung tritt zugunsten der sinnstiftenden Solidargemein-
schaft zurück; die Grundwerte der Beteiligten definieren sich vornehm-
lich nach ökologischen, gestalterischen und sozialen Aspekten.

Vielleicht ist es weniger ein beliebig kopierbares, gewinnorientiertes Ge-
schäftsfeld als vielmehr eine Überzeugung, die zur Lebensform geworden ist, denn im Vordergrund stehen Identität und Identifikation. Eine
aktuelle Form der Sinnsuche findet ihre Erfüllung.

Wer durch diese Siedlung geht, spürt sofort, dass hier etwas anders ist
als in den meisten anderen Siedlungen. Hier finden sich Lebensformen
der Stadt verbunden mit solchen des Dorfes. Nicht die städtische Ano-
nymität ist gewollt, sondern die Geborgenheit der Gemeinschaft.

3.10
Kinderstadt – eine Idee für Düsseldorf
Reiner Götzen

- Außenanlagen
- Genius Loci
- Kunst und Licht
- Landschaftsbau
- Lebenszyklen, Lebensstile, Wohnformen
- Ökologie und Nachhaltigkeit
- Ökonomie und Werthaltigkeit
- Seele
- Selbstverwaltung
- Service
- Städtebau und Architektur
- Verwaltung
- Wohngemeinschaften und soziale Netzwerke

Kinderträume nehmen Gestalt
an: In der Kinderstadt Düsseldorf stehen die Bedürfnisse
und Wünsche der Kleinen im
Mittelpunkt.

Die Idee einer Kinderstadt, Düsseldorf
Konzeptentwicklung: Reiner Götzen
Projekttitel: Kinderstadt Düsseldorf

Kinderstadt. Ein Quartier, das die Kinder im Fokus hat – und zwar nicht allein die Kinder aus traditionellen Familienstrukturen, sondern auch Kinder von Alleinstehenden oder aus anderen alternativen Lebenszusammenhängen.

Eine Nachbarschaft mitten in der Großstadt, die Kindern einen gesicherten, geschützten Raum bietet. Autos bleiben draußen, nämlich in der unterirdischen Tiefgarage; es gibt Besucherparkplätze in der direkten Umgebung. Die Kinderstadt wird aber auch von Eltern und Älteren geschätzt. Sie signalisiert den Aufbruch eines Viertels verbunden mit der Renaissance lebenswerter Außenräume – eine Wiedergeburt der Stadt.

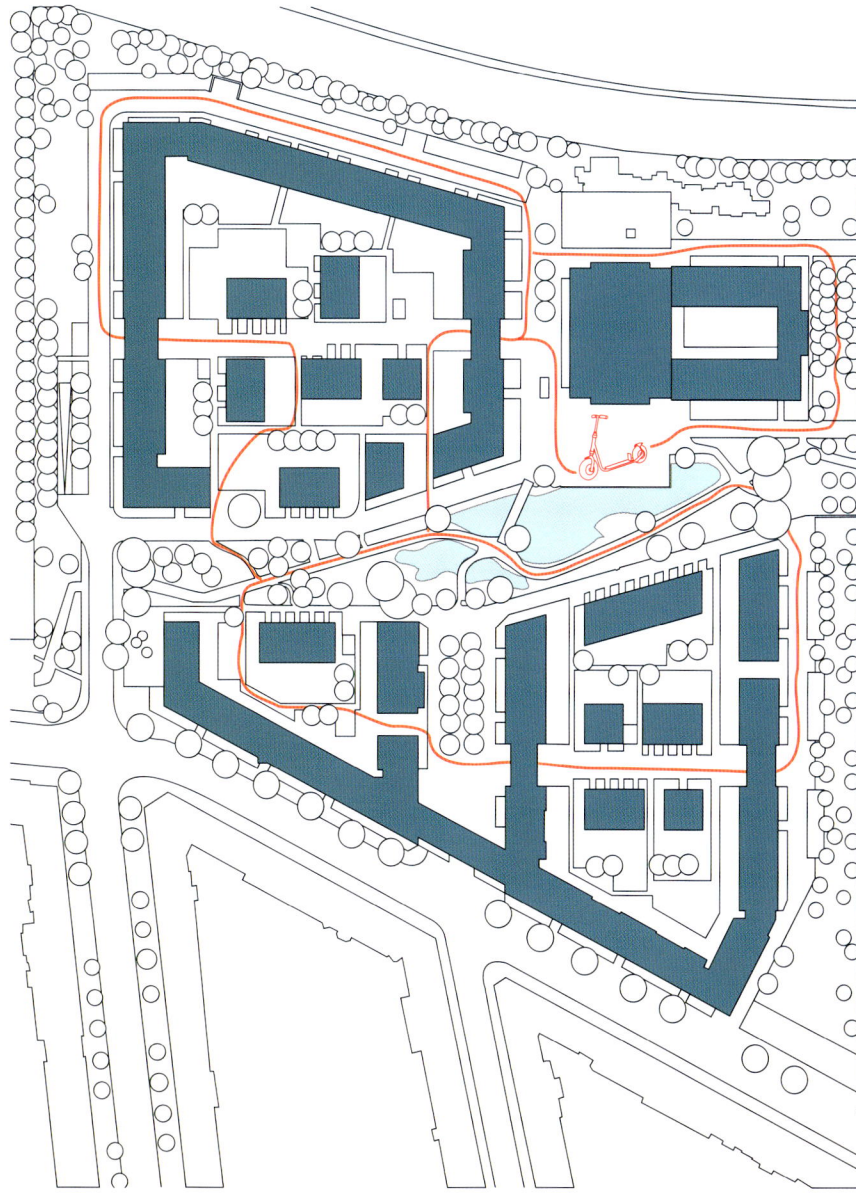

Familienfreundliche Stadthäuser stehen in der Mitte der autofreien Blockrandbebauung. Auch kleine Kinder können hier gefahrlos auf den Wegen spielen: Die Autos sind in die untere Tiefgarage verbannt. Mit dem Tretroller können die Kinder abwechselnd auf engen Pfaden und breiten Erschließungswegen ihre unmittelbare Nachbarschaft erkunden. Grundlage für Städtebau und Außenraum: Schuster Architekten mit ST raum a.Landschaftsarchitektur

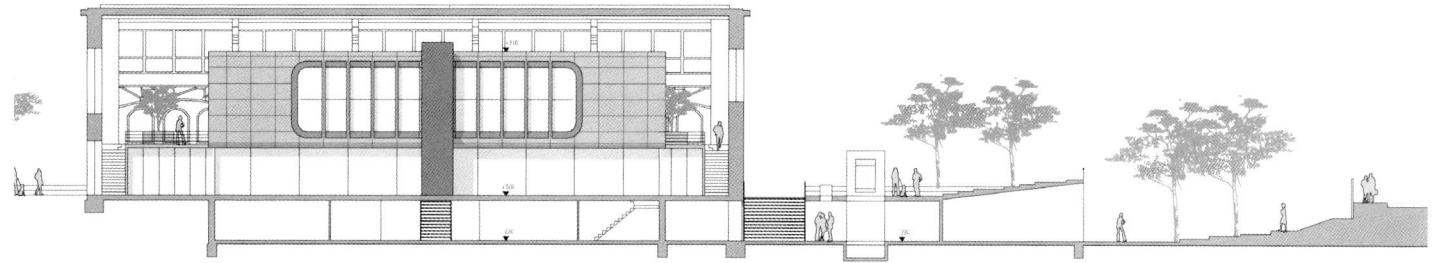

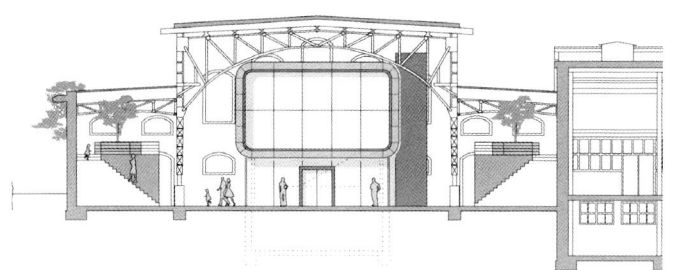

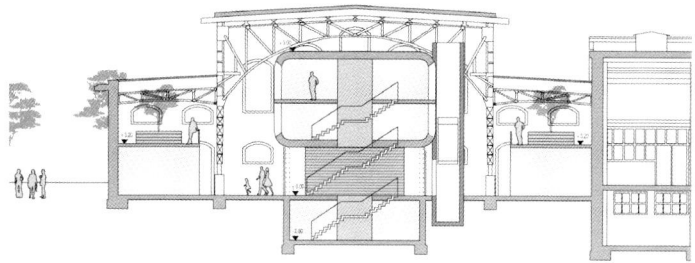

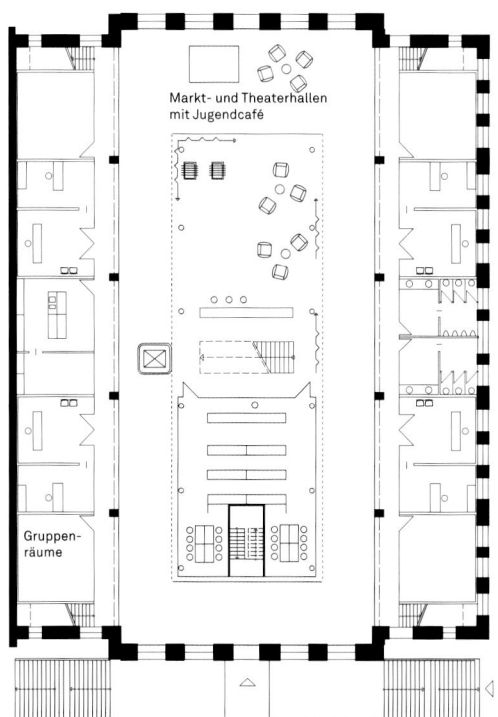

Markt- und Theaterhallen
mit Jugendcafé

Gruppen-
räume

In die einstige Großviehhalle
soll das Jugend- und Familienhaus integriert werden, mit
Markthalle und Räumen für
vielfältige Nutzungen. Die Erschließung des Kindergartens
erfolgt über eine unterirdische
Verbindung.
Architekt: marc eller
architekten

Das ehemalige Schlachthofgelände im Norden Düsseldorfs blickt auf eine lange, nicht ganz einfache Geschichte zurück. Während die bauliche Substanz, wie zum Beispiel die frühere Großviehhalle, teilweise unter Denkmalschutz steht und aufgrund ihrer Lage und Architektur für eine Vielzahl von neuen Nutzungen geeignet wäre, gibt es da auch die Erinnerung an die Jahre der NS-Herrschaft. Hier befand sich damals die Sammelstelle, von der die Juden der Stadt in die Vernichtungslager abtransportiert wurden. Zu ihrem Gedenken wird hier in absehbarer Zeit ein Mahnmal errichtet.

Für die zukünftige Nutzung dieses Areals wurde ein städtebaulicher Wettbewerb ausgelobt. Der Entwurf sieht vor, das Innere des Geländes durch eine geschlossene Blockrandbebauung vor dem starken Autoverkehr und der Bahntrasse abzuschotten.

Eine grüne Schneise durchzieht das Quartier und öffnet sich von innen heraus in die umbauten Wohnfelder. In deren Innenhöfen gruppieren sich familiengerechte dreigeschossige Stadthäuser, die von der fünfgeschossigen Randbebauung umgeben sind. Auf diese Weise wird eine Durchmischung von differenzierten Wohnformen für unterschiedliche Lebensphasen erreicht: Stadthäuser, Gruppenwohnungen, Wohnungen mit zentraler Spieldiele, Wohnungen für Ältere in Gemeinschaft.

Architektonisch nehmen die einzelnen Häuser in der Blockrandbebauung die schmalen Hausparzellen auf der anderen Straßenseite auf. Sie werden nicht nur von unterschiedlichen Architekten geplant, sondern folgen intern auch jeweils eigenen Grundrisskonzeptionen.

Die Maßstäblichkeit der Kinderstadt findet ihre gestalterische Entsprechung.

Die thematische Mitte des Quartiers bildet das Jugend- und Familienhaus, ein zweigeschossiger, frei stehender Baukörper, eingeschrieben unter das Stahl-Glas-Dach der denkmalgeschützten ehemaligen Großviehhalle. Hier befinden sich Spiel-, Bastel- und Musikräume.

Darüber hinaus sollen noch Gruppenräume und eine Kinderspielfabrik, eine Medienwerkstatt und das WDR-Jugendpressehaus entstehen. Der Servicepoint dient hier als zentrale Anlaufstelle sowohl für die Wünsche der Kinder als auch der Älteren. Das im Inneren zurückgesetzte neue Jugendgebäude bietet Raum für einen »Marktplatz« als Schnittstelle von Kommerz und Trödel, ergänzt durch Cafés und ein Jugendtheater.

Unterirdisch angebunden sind der private Ganztagskindergarten für Kinder im Alter von Null bis Sieben sowie Hort und Vorschule. Dieser Teil öffnet sich zu einer offen und naturnah gestalteten Frei- und Spielfläche mit Hügeln und Mulden sowie einer Kletterwand und Sandterrain.

Das gesamte Quartier ist eine Spiellandschaft. Anstelle eines statischen Spielplatzes können die Kinder mit Roller oder Kickboards durch die Straßen fahren, Spielgeräte säumen die Wege. In der Außenzone gibt es Bolzplätze und ein Beachvolleyballfeld. Die Älteren suchen eher den ruhigen Rosengarten auf oder treffen ihre Altergenossen am großen Schachbrett. Am Weg aufgestellte Kunstwerke bereichern ihren etwas langsameren Spaziergang, der ganz selbstverständlich die Spielpisten der Kinder kreuzt und so Gemeinsamkeit stiftet. Die karitativen Betreiber des Jugendhauses und der private Dienstleister arbeiten Hand in Hand mit der zentralen WEG-Verwaltung des Quartiers, die über die halböffentlichen, aber frei zugänglichen Wege- und Parkflächen wacht und die vielfältigen vertraglichen Verpflichtungen regelt. Die Quartiersverwaltung sorgt aber auch für die Baby-Betreuung am Abend und den Einkaufsservice tagsüber. Hier besteht die Chance, einen Jugendclub aufzubauen, der durch den alles verbindenden Service möglicherweise sogar als Familienverein organisiert werden kann. Dieser könnte eine zentrale Anlaufstelle für alle und alles werden, sozusagen die »gute Seele der Kinderstadt«. Und nicht zuletzt würde auch die angrenzende Nachbarschaft von seiner positiven Ausstrahlung profitieren.

Die Entwicklung dieser Idee hat viele Facetten. Angestoßen durch Projektentwickler, aufgegriffen und unterstützt von der Stadt, werden auf der Grundlage des stadträumlichen Wettbewerbs erste Plangedanken für die Kinderstadt umgesetzt. Diese Pläne sind auch die Diskussionsgrundlage für Workshops und Werkstattverfahren in Abstimmung mit der politischen Bezirksvertretung, zu denen Interessierte – Kinder, Eltern und Ältere, aber auch Elterninitiativen benachbarter privater Kindergärten – eingeladen sind. Der Blick auf die Erfolge solcher Projekte in Städten wie Wien und Heilbronn gibt neue Impulse – und Hoffnung.

Die Kinderstadt hat das Potenzial, diesem heiklen, nicht einfachen Standort zu neuem Leben zu verhelfen. Er erhält durch diese Prägung auch einen neuen Wert, im ökonomischen wie im ideellen Sinne. Die Kinderstadt kann Düsseldorf, der Stadt der Medien, Mode und Kommunikation, eine neue Heimat für soziale Gruppen bieten, die in den teuren, wenig kindgerechten Innenstadtlagen keine Wohnung mehr finden und deshalb der City den Rücken kehren. Für Familien mit berufstätigen Eltern, für »moderne Performer« mit Kind sowie für internationale Unternehmen bietet die Kinderstadt ein attraktives Umfeld. Denn Kinderfreundlichkeit ist zunehmend ein wichtiger Standortfaktor.

Das gesamte Quartier ist eine riesige Spiellandschaft mit offenen und naturnah gestalteten Frei- und Spielflächen.

Kinderstadt Düsseldorf:
Hier sind die Kleinen die
Großen.

4

Entwicklung von Wohnwelten

Lebenswelten brauchen eine Seele, eine Identifikation. Sie werden getragen von Grundüberzeugungen. Es können Personen sein, die uns mit ihrem Vorbild den Weg weisen. Es mögen Zimmer, Wohnungen, Plätze, Kirchen, Cafés oder Vereinshäuser sein oder auch alles zusammen. In ihrer spezifischen Konstellation formen sie unser Zuhause.

Wohnwelten ermöglichen die Identifikation mit dem jeweils Eigenen und Besonderen: Hier sind wir zu Hause, hier können wir uns fallen lassen.

4.1
Qualitäten von Wohnwelten

Wohnwelten müssen den unterschiedlichen Lebensentwürfen und Lebenszyklen gerecht werden. Zumindest im städtischen Raum sind Heterogenität und Diversität elementare Qualitäten. Der demografische Wandel hat zu einem gleichzeitigen Nebeneinander unterschiedlicher Haushaltsformen geführt. Das wurde zum Beispiel an den unterschiedlichen Grundrisstypen in ihrer Entsprechung zu den konkreten Anforderungen der jeweiligen Lebenszyklen nachvollzogen.

»Wohnst Du noch – oder lebst Du schon?« – Dieser Marketingslogan eines schwedischen Möbelhauses ordnet das Wohnen mit Fug und Recht dem Leben unter und versteht Wohnen als nur einen Teil des Lebens. Funktionale Trennungen werden zunehmend aufgehoben. Wohnen von Arbeit, Freizeit und Verkehr separieren zu wollen hieße, die Erfahrungen seit der Charta von Athen (1933) zu vergessen beziehungsweise sie zu ignorieren. Mag die Idee der Entflechtung städtischer Funktionsbereiche zur damaligen Zeit mit ihrer sozialen und wirtschaftlichen Schieflage eine größere Berechtigung gehabt haben, so sehen wir heute in der innerstädtischen Überlagerung von Wohn-, Arbeits- und Erlebniswelten eher eine Bereicherung unseres Lebens. Im Zeitalter der Informationstechnologie, die den gesamten Büro- und Verwaltungsbau dominiert, ist das Nebeneinander und Verflechten sauberer Arbeitsprozesse mit annähernd gleichmaßstäblichen Wohnformen durchaus verträglich, in vielen Fällen sogar bereichernd. Wo das Wohnen in den Innenstädten fehlt, haben wir längst eine Verödung des Raums und der städtischen Gesellschaft festgestellt.

Wir sehen Wohnwelten als integrativen Bestandteil der zuvor beschriebenen Lebenswelten an, der interaktiv mit den übrigen Lebensformen zusammenwirkt und zusammengehört. Bei einer Typisierung der Bausteine der Wohnwelten geht es nicht um ihre isolierte Betrachtung, sondern um ihre bildhafte Vereinfachung und Veranschaulichung.

Die Geschichte hat funktionierenden, alten Wohnwelten Charakter gegeben. Neue Wohnwelten leben aus dem bewussten Umgang mit den Lebenswelt-Bausteinen, aus dem gekonnten Zusammenfügen ihrer Elemente zu einem neuen Narrativ. Auch diese neue Geschichte muss ihre Bewohner einfangen und begeistern können für das authentisch Erlebbare und die innere Qualität abgrenzen gegenüber dem Außen.

In diesem Sinne heißt »Wohnwelten schaffen«, eigene, wahrnehmbare Qualitäten zu kreieren. Um einen ausgeprägten Charakter zu entwickeln, ist es erforderlich, die individuellen Merkmale gegenüber dem Anderen abzugrenzen, gleichwohl ohne die Offenheit gegenüber andersartigen Lebenswegen und -gewohnheiten aufzugeben. Starker Charakter bildet sich nur, wenn das jeweils Besondere mit seinen Ecken und Kanten zugelassen und ihm Raum gegeben wird. Vielfach ist man sich dieser Besonderheiten nicht einmal hinreichend bewusst.

Was für den einzelnen Menschen gilt, trifft auch für soziale Gemeinschaften zu. Diese Unterschiedlichkeit ist durchaus positiv. Sie setzt Spannungsfelder frei und weckt Begehrlichkeiten nach dem jeweils Anderen. Das Fremde, das Neue zieht uns an. Zugleich ermöglicht diese Unterschiedlichkeit Identifikation mit dem jeweils Eigenen und Besonderen unserer Heimat. Hier sind wir zu Hause, hier können wir uns fallen lassen, hier kennen wir die persönlichen Beziehungen. Jede Kante und Ecke ist uns vertraut. Wir sind eingebunden in ein soziales Netzwerk von Freunden und Bekannten. Menschen oszillieren zwischen unterschiedlichen Lebenswelten – je eigenständiger diese sind, desto mehr Bindungswirkung entfalten sie. Diese Kräfte mögen uns über viele Jahre geprägt haben: die Menschen, das Quartier, in dem wir groß geworden sind, die Landschaft einer Region oder die Straße einer Stadt. Es ist die engere Umgebung, die uns geprägt hat, in der wir unsere Freunde gefunden oder uns mit ungeliebten Nachbarn gerieben haben. Durch Erziehung, Gespräche und Handlungen haben wir unsere Einstellungen gefunden zu Dingen, die uns wichtig sind. Wir haben Grundwerte erworben, die uns in den verschiedensten Lebenssituationen den Weg weisen.

Lebenswelten brauchen eine Seele, eine Identifikation. Sie werden getragen von Grundüberzeugungen. Es können Personen sein, die uns mit ihrem Vorbild den Weg weisen. Es mögen Zimmer, Wohnungen, Plätze, Kirchen, Cafés oder Vereinshäuser sein oder auch alles zusammen. In ihrer spezifischen Konstellation formen sie unser Zuhause; sie sind der Grund, dass wir uns wohl und sicher fühlen, sie ziehen uns in ihren Bann. Ist das nicht der Fall, fühlen wir uns nicht heimisch, suchen wir unbelastete Beziehungen und Nachbarschaften und bauen andernorts neue Hoffnungen auf. Die Erschließung dieser Kraftfelder für neue Lebenswelten beginnt mit der Fantasie bei der Auswahl der Grundstücke und dem Erkennen ihrer Potenziale. Im Umkehrschluss heißt das: Mit der Entscheidung, Lebenswelten zu bauen, werden zugleich ungeeignete Grundstücke ausgemustert.

Dinge, die Geschichten erzählen: Ein lebenswertes Zuhause ist keine Frage von Geld und Prestige, sondern entsteht dort, wo sich Menschen wohlfühlen und ihren Alltag meistern.

4.2
Entwicklungsstufen

Zu Beginn der Projektentwicklung gilt es, den Genius Loci zu erspüren, denn er ist Ausgangspunkt aller folgenden Planungs- und Realisierungsschritte. Dem vorausgehen sollten konkrete Untersuchungen, also Markt- und Standortanalysen in Verbindung mit Zielgruppenüberlegungen ebenso wie wirtschaftliche Kalkulationen. Diese Schritte müssen in eine Langfriststrategie für die Immobilie eingebunden sein, von den ersten Vorüberlegungen bis hin zu ihrer möglicherweise langfristigen Betreuung und Verwaltung.

Ein erfolgreicher und erfahrener Projektentwickler weiß, welche Bausteine er zusammenstellen muss, um diesen Nachbarschaften Leben einzuhauchen. Doch seine Aufgabe geht weit darüber hinaus: Er muss sich vorausschauend Gedanken machen, wie er diese soziale Entwicklung fördern kann und sie auf Dauer stabilisiert.

Für diesen Prozess haben sich drei Entwicklungsstufen herausgeschält:

Auf die Phase der Projektentwicklung folgt die Entfaltung des Wohn- und Wohlgefühls und deren langfristige Sicherung durch eine ganzheitliche Verwaltung und Dienstleistung.

Betreiben, Verwalten, Service

→ Mehrwerte dauerhaft in die Praxis umsetzen
→ Mehrwerte schaffen Lebensqualität
→ Mehrwerte dauerhaft sichern
→ In Verträgen die Grundlagen des Zusammenlebens verankern

Lebens- und Wohngefühl schaffen

→ Ambiente und Flair
→ Menschen Zeit geben, sich einzuleben
→ Gegenseitiges Kennenlernen
→ Offen sein für Bedürfnisse und Wünsche
→ Zusammenwachsen der Quartiersgemeinschaft

Projektentwicklung

→ Analyse
→ Konzept und Planung
→ Vermarktung
→ Bauen
→ Fertigstellung und Finish

Markt- und Standortanalysen, verbunden mit der Untersuchung der angrenzenden Milieus und einer ersten Einschätzung von Lebensstilen und -formen bieten eine gute Basis für die Erstellung einer eigenen Konzeption und eine ersten Einschätzung durch Dritte. Die Entscheidung für eine bestimmte Konzeption ist die eigentliche unternehmerische Leistung. Hierauf baut die gesamte spätere Planung auf. In ihrer Bedeutung als Projekt- und Unternehmensstrategie bestimmt sie die Vermarktung und deren Erfolg.

Die eigentliche, zuverlässige bauliche Realisation wird in diesem Zusammenhang eher als Selbstverständlichkeit betrachtet, was bisweilen eine sträfliche Unterschätzung sein kann. Denn schon hierher gehört die kontinuierliche, gewissenhafte Kommunikation mit den späteren

Bewohnern, den Käufern und Mietern, sowohl während als auch nach Fertigstellung der Baumaßnahme.

Eine gelungene Übergabe der komplett fertig gestellten Wohnung einschließlich der Außenanlagen darf als Grundstock einer erfolgreichen Projektentwicklung angesehen werden.

Wohn- und Wohlgefühl schaffen

Eine deutlich schwierigere Stufe in der ganzheitlichen Entwicklung von Wohnwelten ist die Erzeugung von Ambiente und Flair, also dem, was man als »emotionale Patina« und »Seele« bezeichnen kann. Diese subjektiven Faktoren werden von Menschen höchst unterschiedlich wahrgenommen. Sie begründen die eigentliche Qualität des Projekts über die Selbstverständlichkeiten der physischen Errichtung hinaus. Wenn der Initiator diese Aspekte berücksichtigt, beispielsweise durch eine emotional berührende Architektur, einladende Gemeinschaftsräume oder attraktive Außenanlagen, muss er die Geduld aufbringen und den Bewohnern eine gewisse Zeit einräumen, damit sie sich an diese neue Umgebung mit ihren Möglichkeiten, Qualitäten, Ecken und Kanten gewöhnen können.

In der so genannten After-Sales-Kommunikation muss er den Wünschen und Bedürfnissen seiner Käufer weiter offen gegenüberstehen. Eine dynamische Verwaltung in Verbindung mit einem aufmerksamen Service bietet in dieser Hinsicht hervorragende Chancen.

Qualitätssicherung, Verwaltung, Dienstleistung

Mit ihrem proaktiven Fördern geht das passive Sichern geplanter und vorhandener Qualitäten deutlich über das bloße Verwalten hinaus. Dem Verwalten ist eine ausgesprochen statische Dimension eigen; Fördern hingegen schließt die Dynamik der steten, lebensbejahenden Weiterentwicklung ein, die ein Grundelement lebendiger Lebenswelten darstellt.

Sichernde, fördernde Verwaltung bedeutet, den Bedarf an Service und Hilfestellungen selbstständig zu erkennen und entsprechende Leistung aktiv und in Eigeninitiative zu erbringen. Sie schafft Vertrauen zwischen den beteiligten Parteien und wird somit zur Grundlage einer wechselseitigen Zufriedenheit. Auf Dauer freunden sich die Bewohner dann auch mit moderaten Kostensteigerungen an.

Eine solche Verwaltung fordert bisweilen auch Kompromissbereitschaft vom Einzelnen gegenüber der Gemeinschaft und umgekehrt. Sie versucht, vorhandene Qualitäten zu bewahren und das Interesse Einzelner gegenüber der Mehrheit einzugrenzen beziehungsweise zu stärken. Beispielhaft erwähnt seien hier die Durchsetzung der Gemeinschaftsordnung gegen die Installation von Satellitenschüsseln auf dem Dach oder die einheitliche Auswahl der Grundstückszäune. Solche Übereinkünfte sind allerdings auf das positive Votum der Mehrheit angewiesen. So gesehen ist die notariell in der Stammurkunde festgeschriebene Gemeinschaftsordnung ein wichtiges, aber komplexes Instrument in der Entwicklung von Lebenswelten. Nicht minder bedeutend ist die frühzeitige und tief greifende Verankerung des Service-Pakets als verpflichtenden, aber attraktiven Baustein für alle – denn sonst hat Service keine Möglichkeiten gegenüber den individuell auseinanderdriftenden Partikularinteressen.

Solche und andere Mehrwerte müssen dauerhaft rechtlich und organisatorisch für die Gemeinschaft gesichert werden, wenn sie langfristig Erfolg haben wollen und Traditionen noch keine Chance hatten. Erst dann können sie zur Entstehung neuer Lebenswelten beitragen.

Eine gelungene Projektentwicklung ist das Ergebnis vieler Faktoren. Nur wenn sie perfekt aufeinander abgestimmt sind, können Lebenswelten wachsen.

4.3
Über die Vorteile kooperierender Projektentwicklung

Jedes Wohnprojekt ist eingebunden in die gesamtstädtische Entwicklung. Es steht niemals allein, sondern tritt je nach Größe und Ausdruckskraft stärker oder schwächer in Wechselwirkung mit seiner Umgebung. Seine planerischen Vorgaben und Grenzen erhält es durch die rechtlichen Festlegungen der Stadt oder Kommune.

Die Planungsvorgaben werden an den mittel- und langfristigen gesamtstädtischen Zielsetzungen ausgerichtet. Das einzelne Baufeld oder die Kleinteiligkeit der konkreten Umsetzung können die Planungsämter jedoch nicht erfassen. Sie bleiben nur in der Abstraktion des großen Maßstabs. Erst der Projektentwickler realisiert durch sein Engagement die konkreten Dimensionen, Fluchten, Ecken und Kanten der Wohnungen. Zum Teil setzt er seine Pläne erst Jahre nach deren Erstellung in die Tat um; Jahre, in denen sich der Markt für Wohnungsangebote und -nachfrage möglicherweise komplett geändert hat. Die Markt- und Standortanalysen jedoch mit ihren recht präzisen Ergebnissen in Verbindung mit einer Zielgruppendefinition, die der Projektentwickler erst in Auftrag gibt, wenn die Realisierung aktuell wird, stehen dem Planungsamt nicht zur Verfügung.

Diese Ungleichzeitigkeit von Erkenntnissen zur Planung und Realisierung von Baumaßnahmen sollte genutzt werden, alle Beteiligten zu einem aufeinander abgestimmten Prozess zu bewegen: Planer, Kommunen, Entwickler und – wenn möglich – die künftigen Bewohner. Dabei dürfen nicht die Interessen einer einzelnen Partei im Vordergrund stehen, sondern es sollte die ausgewogene Optimierung für alle Beteiligten fokussiert werden. Erfahrungsgemäß ist eine offene Diskussion dafür ein geeignetes Instrument. Der städteplanerische Diskussionsverlauf wird sozusagen neu aufgerollt. Dabei ist weder die Kommune als Vertreterin hoheitlicher Rechte allein maßgeblich noch der Projektentwickler mit seinen ökonomischen Interessen, vielmehr sollten Lösungen gemeinsam mit den zukünftigen Bewohnern erarbeitet werden.

Unter diesen Umständen ist die Entwicklungsgesellschaft schon aus Eigeninteresse darauf angewiesen, die Planung von Anfang an auf die Erwartungen und Lebensgewohnheiten der späteren Bewohner auszurichten und zwischen deren individuellen Vorstellungen und den eigenen wirtschaftlichen Erwartungen eine Balance zu finden. Wenn die jeweiligen Interessen respektiert und bei der Planung berücksichtigt werden, kann eine marktkonforme Entwicklung von eigenständigen Wohnwelten gelingen. Unterstellen wir, dass die Projektentwicklungen von Anfang an mit den Kommunen abgestimmt sind, damit planerische und baurechtliche Festsetzungen den Erwartungen der jeweiligen Zielgruppen entsprechen. Dann stehen nicht mehr die anonymisierten Planungsvorgaben mit schematischen Baufeldern, Baulinien und Ausnutzungsziffern im Vordergrund, sondern konkrete Planungschancen für lebenswerte Städtebaukonzepte und Architekturen.

Vergleichen wir diese Chance einer ganzheitlichen Projektentwicklung, die in weiten Teilen über öffentlich-private Abstimmungsprozesse entwickelt wurde, mit herkömmlichen Verfahren der geordneten, bisweilen eher bürokratischen Abwicklung unabhängiger, nicht synchronisierter Umsetzungsschritte. Durch die direkte Verbindung und die unmittelbaren Auswirkungen von ersten Ideen bis hin zur zeitnahen Realisierung lassen sich durch diese »direkte Lenkung« kreative, marktnahe und menschengerechte Lösungen leichter umsetzen. Zugegebenermaßen müssen die Grundvorstellungen und Wertebilder aller Betroffenen, der Bewohner, der Entwickler und der Kommunen, harmonisierbar sein. Auch wechselseitiges Vertrauen, sicher keine Selbstverständlichkeit,

spielt dabei eine Rolle. Aber es lohnt sich in jedem Fall, dies herauszufinden und daran zu arbeiten. In Zeiten von Corporate Governance und
Compliance, also der ethischen Selbstverpflichtung von Unternehmen,
wachsen die Aussichten für ein solches Gelingen. Wo die Grundwerte
und Zielsetzungen eines Unternehmens offen kommuniziert und gelebt
werden, wächst Vertrauen zwischen den Beteiligten.

Vertrauen vermitteln durch
Offenlegen der unternehmerischen Grundwerte – verpflich-
tend und einforderbar.

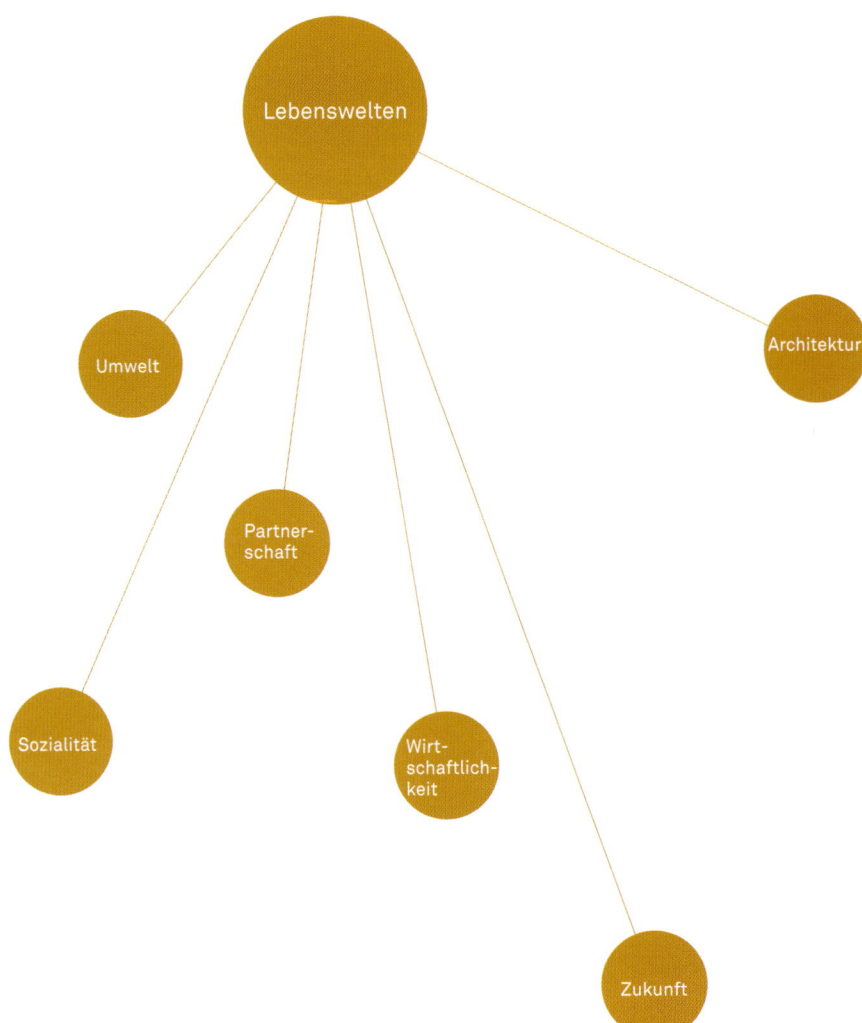

Ein weiterer Baustein für die umfassende, ganzheitliche Entwicklung
von Lebenswelten kann noch hinzugefügt werden: Auch die institutionellen Investoren wie Versicherungen und Versorgungswerke beginnen
nachzuvollziehen, dass die Zukunftsfähigkeit und positive Wertentwick-
lung von größeren Wohnbauprojekten einen Ausgleich darstellen kann
für die im Vergleich zu Verwaltungs- und Gewerbebauten niedrigere
Anfangsrendite im Wohnungsbau. Das vergangene Jahrzehnt hat deutlich gemacht, dass das wesentlich höhere Mietausfallrisiko von etwas
älteren Gewerbebauten deren langfristige Rendite nennenswert unter
diejenige des risikoärmeren Wohnungsbaus senkt. Der Bedarf an Wohnraum ist auf Dauer deutlich konstanter als die Nachfrage nach Verwaltungsbau, an den wegen seiner sich rasch verändernden technischen
und komfortbezogenen Anforderungen in kurzen Abständen immer
wieder kapitalintensive oder die Miete reduzierende Änderungsverlan-
gen gestellt werden. Sogar die Überlagerung von Handels-, Büro- und
Wohnflächen findet innerstädtisch vor diesem Hintergrund zunehmend
Resonanz; zusätzlich auch wegen ihrer wechselseitigen Lebendigkeit
als Merkmal gewollter Urbanität.

Lebenswelten, verstanden als das Ergebnis des komplexen, aber teilweise steuerbaren Zusammenwirkens der unterschiedlichen Anforderungen, Wünsche und Erwartungen von Bewohnern, Planern und Entwicklern sowie Städten und Kommunen auf der einen Seite und der vielgestaltigen Lebenswelt-Bausteine auf der anderen Seite, haben gute Chancen, sowohl im Hinblick auf ihre Realisierung als auch auf lange Sicht. Sie entstehen nicht zwangsläufig und lassen sich nicht rezeptartig wiederholen, sondern sie wachsen entweder langsam und ohne Steuerung mit der Zeit oder sie bedürfen der gestaltenden starken Hand und Führung durch engagierte Menschen, die sich für lebendige Lebenswelten einsetzen.

Plant ein Architekt ein Einfamilienhaus, ist sein Auftraggeber ein Bauherr, der weiß, was er will. Um einen guten Entwurf abzugeben, muss der Architekt also die Wünsche, Erwartungen und Träume der zukünftigen Bewohner kennen. Erst dann entsteht ein Haus, das sich mit Leben füllen lässt. Analog lassen sich die Vorgaben auch bei der Entwicklung größerer Wohnungsbauprojekte bestimmen. In diesem Fall kennt der Projektentwickler zwar die zukünftigen Bewohner nicht, doch er kann über die formalisierten städtebaulichen Vorgaben einer Behörde und die üblichen Standortanalysen hinausgehend die Vision einer Lebenswelt entwerfen, indem er sich ein Bild von den Zielgruppen macht und der Geschichte des Ortes nachspürt, an dem die neue Bebauung entstehen soll. Diese Informationen verdichten sich zu einer vielschichtigen Matrix, welche die Entwicklungsgrundlage für eine neue Lebenswelt darstellt. In der Verbindung der gestalterischen, sozialen und nutzungsbezogenen städtebaulichen Vision der Stadtverantwortlichen mit den kleinteiligen, vorausschauenden Ideen und Vorschlägen der Projektentwickler für ihre Kunden, in der frühzeitigen Harmonisierung und der aufeinander abgestimmten Optimierung der Interessen sowie im wechselseitigen Anerkennen des planerisch-politisch Gewollten und des wirtschaftlich-kreativ Möglichen liegt die große Chance einer ganzheitlichen Entwicklung von Wohnwelten.

Es mischen sich somit die Planungsvorgaben der Stadt mit denen der Gutachter und des aufmerksamen Entwicklers, der sich in den Charakter dieses Umfelds hineinversetzt, die möglichen Lebensvorstellungen zukünftiger Bewohner antizipiert und ein Gespür für die Potenziale dieses Viertels entwickelt. Er nimmt ein Stück weit die Zukunft vorweg oder kreiert sie gar mit, denn er spürt die Emotionen der unterschiedlichsten Bewohnergruppen und gibt ihnen im wohlverstandenen Wortsinn Raum: Wohnraum, Erlebnisraum, Wohlfühlraum.

Ziel der neu geschaffenen Lebenswelt ist es, den Genius Loci aufzugreifen, ihn zu erhalten und wieder herauszuarbeiten als Grundlage für die Authentizität dieses Ortes – und ihn letztlich zu ergänzen mit dem erwarteten Kreativpotenzial der Menschen, die sich hier zu Hause fühlen wollen. Manchmal muss er auch neu geschaffen werden. Eine solche Lebenswelt wird jedoch nur dann möglich, wenn alle Beteiligten frühzeitig miteinander kooperieren: die Stadt, die Markt- und Standortanalysten, der Projektentwickler, die Interessenten und die zukünftigen Nutzer.

4.4
Die Bedeutung von Erhalt und Pflege

Selbstverwaltung aus Tradition

Dörfliche Gemeinschaften, städtische Viertel und die Großstadt als solche sind das Ergebnis baulich-physisch geronnener Nutzungsgewohnheiten und tradierter sozialer Interaktion. Vielfach spiegeln sie die gesellschaftlichen Spielregeln wider, die über Jahrzehnte und Jahrhunderte eingeübt wurden. Damals war die Mobilität der Menschen eingeschränkt: Man musste miteinander auskommen. Nicht selten bedeutete dies, ein ganzes Leben mit denselben Personen in der gemeinsamen Nachbarschaft zu verbringen. Die Regeln des Miteinanders waren über lange Zeiträume verinnerlicht und weniger hinterfragt. Jeder hatte seinen definierten Platz in der überschaubaren Gemeinschaft, auf die man auch angewiesen war.

Fremdverwaltung als rechtliches Regelwerk

Individualität, Wohlstand und wirtschaftliche Unabhängigkeit, Mobilität und Schnelligkeit geben heute neue Parameter vor, wenn neue Nachbarschaften geschaffen werden und viele einander fremde Menschen auf engem Raum zusammenleben. Sie müssen sich in kurzer Zeit aneinander gewöhnen, ihre ausgeprägt unterschiedlichen Lebensformen und Wünsche aufeinander abstimmen und ihren gemeinsamen Weg finden. Die Spielregeln des Miteinanders werden je nach Herkunft und Mentalität zunehmend verfeinert, das Wissen um die eigenen Rechte und die Wahrnehmung der eigenen Ansprüche führt zu immer differenzierteren Abgrenzungen. Die Rechtsprechung gibt dem Individuum gegenüber den Interessen der Allgemeinheit eine bislang ungekannte Priorität. Es sind nicht länger die Traditionen oder fest gefügte Lebensweisheiten, die die Spielregeln für das Miteinander auf quasi »natürliche« Weise vorgeben, sondern rationale Rechtspraktiken, die das Wohnen in Gemeinschaft regeln.

Ohne Zweifel brauchen wir die rechtlichen Grundlagen des Zusammenlebens, vor allem, wenn viele unterschiedliche Menschen auf so dichtem Raum wie einer innerstädtischen Wohnanlage zusammenleben wollen.

An diesem Punkt kommt die Wohnungsverwaltung ins Spiel, die genau diese Rechtstechniken bis in die feinsten Winkelzüge der individuellen Zuordnungswünsche beherrschen soll. Es sind teilweise absurde Anforderungen, die an EDV-Programme der Wohnungsverwaltung gestellt werden. Sie sollen Zehntel-Cent-Beträge der Stromkosten für eine Leuchte im Keller adäquat auf 200 Wohnungen verteilen können oder erfassen, welcher ideelle Gegenwert einem Bewohner dafür zusteht, dass ein Mitbewohner aus der dritten WEG-Gemeinschaft die Tiefgarage der ersten WEG-Gemeinschaft zur Durchfahrt mitbenutzt und auf diese Weise abzurechnende Abriebkosten des Betonbodens verursacht.

Wohlgemerkt, wir reden hier über anteilige Kosten, die unter denjenigen einer monatlichen Zigarettenpackung liegen. Wenn wir eine lebendige Wohnwelt erstreben, wenn wir sie wirklich erleben wollen, dann müssen wir nach den Prioritäten fragen, nach den wirklich entscheidenden Elementen dieser Gemeinschaft. Es sei denn, dieses Miteinander in einer gemeinsamen Wohnwelt wird vielleicht gar nicht gewünscht. Doch ist dann eine solche Gemeinschaft richtig?

Die Frage ist also, ob die jeweiligen individuellen Präferenzen in Lebenswelten realisierbar sind.

Auch in der Vergangenheit hat es schwierige Zeitgenossen gegeben, aber sie waren zumeist eingebunden in das übliche traditionelle Verhalten. Sie haben sich gerieben an den überlieferten, vertraglich nicht fixierten Regeln, die über lange Zeiträume geübt und immer wieder neu angepasst worden sind.

Heute jedoch, in den weitaus komplexeren, weil größeren Bauentwicklungen, müssen alle Eventualitäten rechtlich abgesichert werden; je mehr Bausteine das Entwicklungskonzept hat, desto dicker wird das Regelwerk.

Eigeninitiative und Engagement anstelle von Anonymität und pluralistischem Individualismus

Vielleicht könnte diese Forderung ein eigener Baustein in einer intakten Wohnwelt sein, mit dem eine lebensfördernde Gemeinschaftsordnung erfunden und eingeführt werden kann. Eine Gemeinschaftsordnung, die primär auf beständige zwischenmenschliche Beziehungen und einer entsprechenden Identifikation mit der gebauten und persönlichen Umwelt ausgerichtet ist, fragt nicht zuerst nach dem Paragrafen des Gesetzes, sondern nach dem übergeordneten Sinn der Gemeinschaft von Menschen, die hier zusammenleben und dies im Bekenntnis zu einer solchen geschriebenen Gemeinschaftsordnung auch dokumentieren wollen.

Dass dem Wert des Gemeinsamen eine höhere Stellung einzuräumen ist als Partikularinteressen, bestätigt auch die neue Rechtsprechung im WEG-Gesetz von 2007.

Der gesetzlich vorgeschriebene WEG-Beirat bekäme so eine neue, ideelle Dimension. Er würde sich auf das Wohl derjenigen Menschen orientieren, die sich für diese Wohngemeinschaft und ihre Regeln bewusst entschieden haben – nicht als rechtliche Basis, aber als geistige Grundlage.

Und wenn es Schwierigkeiten gäbe, könnte, anstelle einer langwierigen rechtlichen Auseinandersetzung, ein Mediator zwischen den unvermeidlichen unterschiedlichen Meinungen vermitteln. Eine solche Person, die das Vertrauen der Beteiligten genießt und es für das Wohl der Gemeinschaft nutzt, könnte ein »Bestandteil« der Seele dieser Wohnwelt sein.

Es würde das Experiment lohnen, eine derartige »lebensfördernde Gemeinschaftsordnung« zum verbindlichen Verkaufsbestandteil eines Neubauquartiers zu machen, damit die zukünftigen Bewohner wissen, was sie erwarten dürfen. Vielleicht schreckt eine solche Ordnung die puren Egoisten etwas ab, vielleicht hilft sie, die Gruppe der Bewohner im Vorfeld etwas zu sortieren, auch wenn es letztlich keine rechtsverbindliche Regelung ist. Doch sie könnte eine moralische Verpflichtung darstellen, eine solide Basis für die Identifikation der Bewohner mit der Gemeinschaft.

Lebensfördernde Gemeinschaftsordnung: In funktionierenden Wohnwelten sollen individuelle Bedürfnisse nicht untergeordnet werden; sie sollen darin aufgehen.

5

Wohnwelten im Fokus

Wohnwelten können das Leben in seiner Vielfalt verdichten, intensivieren und bereichern.

5.1
Hier will ich leben: Die Perspektive der Bewohner

Die Entscheidung, in einer bestimmten Wohnung und innerhalb eines bestimmten Umfelds zu wohnen, hat die unterschiedlichsten Gründe. Natürlich spielt die Miethöhe oder der Kaufpreis eine gewichtige Rolle, damit werden die unterschiedlichen Möglichkeiten sortiert.

Eine ähnliche Bedeutung haben die persönlichen Beziehungen: Wie nahe bin ich meinen Freunden, meiner Familie, den Eltern oder den Kindern? Welche Infrastruktur – also Nahverkehr, Einkaufsmöglichkeiten, Gastronomie – finde ich in der Nachbarschaft? Wie schnell komme ich zur Arbeit, wie gut erreichbar sind die öffentlichen Verkehrsmittel? Diese Kriterien bilden die wichtigste Entscheidungsgrundlage. Die Wohnung kann noch so schön, die Gründerzeitfassade noch so einladend sein – wenn die Lage nicht stimmt, reichen all diese Faktoren nicht.

Aber welche Entscheidungskriterien gibt es außerdem?

Nach Preis und Lage wird auch die emotionale Komponente immer wichtiger für das weitergehende Urteil. Es ist das Besondere, das entscheidungsrelevant wird: der Altbau der Neoklassik oder aber gerade das reduzierte Design der Moderne. Im Detail entscheidet sich alles aber am unmittelbaren Umfeld: das große Bad mit Außenfenster und wandbreitem Spiegel, der vorspringende Erker für das Küchenfenster mit Blick über den Bürgersteig, die mobilen Raumfluchten. Idealerweise bieten sich gleich mehrere solcher attraktiven Aspekte, die eine spontane Verbundenheit fördern.

Emotionale Komponenten können für die Entscheidungsfindung oft bedeutsamer sein als ökonomische Faktoren.

Der kleine Mikrokosmos der unmittelbaren Umgebung wird zum Spiegelbild städtischer Qualitäten: Die zahlreichen Aktionen und Interaktionen, die kulturellen, kulinarischen und kommunikativen Möglichkeiten, die Dichte von Erlebnissen bei gleichzeitiger Rückzugschance in die geschützte Privatsphäre, das natürliche Nebeneinander unterschiedlichster Lebensstile und Charaktere – diese urbane Mischung erweist sich als anziehend und lebendig.

Viel ist von »Lifestyle« die Rede. Was immer dieser Begriff heißen soll, er beschreibt in seiner schillernden Bedeutung nichts anderes als dem eigenen Lebensentwurf nachzuspringen und die eigenen Vorstellungen ausleben zu dürfen. Elementare Voraussetzung hierfür ist Toleranz. Wer die Lebenswelt der Innenstadt wirklich will, lebt mit dem Lärm der Kneipe und der Geschäfte, mit den mitternächtlichen Stimmen auf der Straße und dem Brummen der Autos unter dem Fenster.

Wer das gerade nicht möchte, sucht sich eine andere Wohnwelt und zieht, sofern er die wirtschaftlichen Mittel hat, in eine frei stehende Villa oder in eine so genannte Gated Community, die durch Mauer oder Zaun von der Öffentlichkeit abgetrennt ist. Auch das verträgt die Stadt, wenngleich in Deutschland noch wenig akzeptiert.

Wohnwelten können das Leben in seiner Vielfalt verdichten, intensivieren und bereichern. Als Bewohner vermuten wir diese Qualitäten eher in gewachsener Umgebung und sind überrascht, wenn wir sie in Lebenswelt-Projekten gleich von Beginn an vorfinden.

Wohnwelten können sich somit zu eigenständigen Marken entwickeln, die den Kunden, den Bewohnern, leicht nachvollziehbare Vorteile bieten:

1.
Eine starke Produkt- oder Unternehmensmarke erleichtert den Kunden die Kaufentscheidung. Sie wissen aus Erfahrung oder aufgrund von Empfehlung, was sie kaufen.

2.
Der Kunde baut wie selbstverständlich auf die gute Qualität als stillschweigende Voraussetzung für seine Kaufentscheidung. Er hat Sicherheit.

3.
Das von dem Kunden gekaufte Markenprodukt, sein Haus oder seine Wohnung, unterliegt durch seine Bekanntheit einem akzeptierten Prestige. Die Kaufentscheidung fällt ihm leichter.

4.
Eigennutzer und Kapitalanleger versprechen sich durch die Qualität des Markenprodukts eine gesteigerte Werthaltigkeit beim Wiederverkauf.

Der Lebensstil äußert sich nicht nur in der Entscheidung für eine bestimmte Wohnlage, sondern auch in Fragen der Details.

5.2
Mit Überzeugung zum Erfolg: Die Rolle des Projekt-entwicklers

Wohnwelten immer wieder neu aus den unterschiedlichsten Konstellationen ihrer Bausteine zusammenzusetzen, ist schwieriger und insbesondere mühsamer als vermutet. Zu vielschichtig sind die Erwartungen der unterschiedlichen Bewohnergruppen.

Auf den vorangegangenen Seiten wurden Nachbarschaften und Quartiere, urbane und vorstädtische Projekte in ihre ideellen Einzelbausteine zerlegt. Diese Dekonstruktion sollte veranschaulichen, welche komplexen Sachverhalte dort zusammenwirken. Doch umgekehrt wurden auch Projekte aus den unterschiedlichsten Bausteinen zusammengesetzt und die Wege zu neuen Wohnwelten verfolgt, ihre Vernetzung und ihre Kraftströme nachvollzogen. Die Komplexität dieser Überlagerung, ihre Steuerung und Implementierung im zeitlich relativ kurzen Entwicklungsprozess stellt höchste Anforderungen an die planerische und wirtschaftliche Umsetzung.

Die Addition und die Verknüpfung der vielen Ideen, Wünsche und unterschiedlichsten Vorstellungen erhöhen zwar die Qualität des Ensembles, doch sie erhöhen auch den Preis, insbesondere den Vergleichspreis zum Wettbewerber. Nicht jeder Kunde, nicht jeder Bewohner will alle diese Ideen für sich umgesetzt sehen und dafür die Kosten tragen. Vielfach ist ihm nicht ersichtlich, warum er in der einen Wohnwelt mehr bezahlen soll als im anderen Bauvorhaben.

Werden also durch zunehmende Komplexität nur die Vertriebschancen erschwert – weil der Preis die alles dominierende Grundlage zur Kaufentscheidung darstellt? Hinzu kommt das Dickicht der rechtlichen Verflechtungen, mit denen die Einzelelemente zusammengebunden werden müssen zu einem bunten Blumenstrauß, der in seiner Ganzheit erst die volle Wirkung entfaltet. Steht am Ende der zusätzlichen Mühen etwa zu befürchten, dass entsprechende Erlöse ausbleiben oder sogar wirtschaftliche Einbußen zu verkraften sind?

Wozu also der ganze Aufwand?

Vermutlich gibt es keine einfache Antwort auf diese Fragen, zumindest aus Sicht der Projektentwickler und Bauträger. Denn die zahlreichen Bauvorhaben, die von diesen selbst gesteckten Zwängen Abstand nehmen und die in kurzer Zeit geplant, realisiert und verkauft sind, erweisen sich als wirtschaftlich überaus erfolgreich. In vielen, wenn nicht in den meisten Fällen, führen sie über den günstigen Preis zu akzeptabler Kundenzufriedenheit.

Also bleibt zunächst nur die subjektive Überzeugung, dass es Menschen Freude bereitet, wenn sie in eine vielschichtig ansprechende Umgebung ziehen, in der sie von Beginn an zahlreiche Qualitäten unterschiedlichster Art vorfinden, die ihren erweiterten Erwartungen entsprechen oder sogar als unerwartete, aber gern gesehene Zusatzangebote angenommen werden.

Vielleicht entstammen Wohnwelten im beschriebenen Sinne einfach der Überzeugung des Initiators, dass es Menschen gibt, die es sich jenseits des kurzfristigen Preisvorteils leisten können und vor allem leisten wollen, ihre Wohnträume zu erfüllen. Die im komfortablen Wohnen, im Wohnerlebnis, ihre Zufriedenheit und ihre persönliche Mitte finden.

Es ist eine Überzeugung, die sich aus den eigenen, urpersönlichen Grundeinstellungen desjenigen speist, der die Planung und Realisierung eines solchen Projektes zu verantworten hat – eines Unternehmers, der seine eigenen Grundwerte und Überzeugungen selbst baut und fest daran glaubt, dass sie auch für andere Menschen bedeutende Mehrwerte darstellen. Eines Unternehmers, der mit sehr viel Herzblut an sein Werk geht, wenngleich es auch ein Werk für die anderen ist, nämlich für die späteren Bewohner, die sich wohlfühlen sollen. Er versetzt sich in deren Haut, weil er ihnen besondere Angebote machen will – zu ihrer und zu seiner eigenen Freude. Es sind Grundwerte und Überzeugungen, die selbstredend wirtschaftlichen Mindestanforderungen entsprechen müssen, ohne die kein Unternehmer sonst überleben könnte. Diese sind im Zusammenwirken mit anderen Faktoren auf ein bestimmtes höchstes Gut ausgerichtet, sei es nun Kreativität, Gestaltung und Design oder das sozial orientierte, kommunikative Zusammenleben von Menschen in Gemeinschaften, oder einfach alles zusammen.

Diesen Grundwerten und Überzeugungen entspringt das unternehmerische Engagement, das über die Wirtschaftlichkeit hinaus ideelle Ziele verfolgt und von Visionen geleitet ist, die auf Verwirklichung drängen. Sie mögen Gefahr laufen, sich zu verselbstständigen und die wirtschaftliche Basis zu verlassen. Aber in vielen, wenn nicht in den meisten Fällen entwickeln sie die Kraft und Ausdauer, Unannehmlichkeiten und Probleme zu überwinden und neue Ziele zu erreichen. Sie sind gepaart mit einer langfristigen strategischen Perspektive, die nicht nur auf den schnellen Erfolg ausgerichtet ist, sondern die Ausdauer und die Bereitschaft zum Abwarten mitbringt. Sie beruhen auf beharrlicher Verlässlichkeit, die ihr Ziel stets im Auge behält, kennen Wege und Umwege, aber messen das persönliche Wollen und den eigenen Erfolg am Erreichen der einmal formulierten Vorsätze. Sie sind keiner abstrakten Größe wie Legislaturperiode oder Amt verbunden, sondern einem persönlichen Lebensplan. Dieser Konsequenz entspringen vielfach querköpfige, eigenmächtige Ergebnisse, die sich von der kurzfristigen Erfolgsvorgabe abheben, in deren Mittelpunkt einzig und zuvorderst das maximierte wirtschaftliche Ergebnis steht.

Denn längst ist die Kreativität, das Ausgefallene und Besondere, als eigenständiger Wert entdeckt worden. Mit ihr verbinden wir Lebensfreude, Engagement, lohnenswerten Einsatz, Perspektive und Sinn – und erschließen damit neue Wirtschaftsfelder. Wir können es uns zunehmend leisten, in diese zukunftsorientierten Qualitäten zu investieren – nicht allein in die materiellen, sondern auch in die ideellen Werte.

Diese Einstellung verbreitet sich kontinuierlich weiter und findet immer mehr Akzeptanz. Zum einen, weil der Wohlstand uns dies ermöglicht, zum anderen, weil wir unter neuen Lebensumständen andere Wertevorstellungen entwickeln. Wir empfinden die Zusatzangebote als Annehmlichkeiten, die wir uns als wesentliche Investition in unsere Zukunft leisten. Damit verfestigen sich Mehrwerte, die zunächst nur Komfort und angenehme Überraschung bedeuten, an die wir uns allerdings leicht gewöhnen und die wir auf Dauer nicht mehr missen wollen. Es ist wie mit dem elektrischen Fensterheber im Auto oder mit dem Navigationssystem: Heute können wir uns einen Neuwagen schon nicht mehr ohne diese Bequemlichkeiten vorstellen.

Das beharrliche Festhalten an einmal eingeschlagenen, erfolgreichen Wegen und kontinuierlich verfolgten Produkten baut zugleich einen wichtigen Aspekt für den Entwickler und den Unternehmer auf: die Marke. Mit ihren Qualitäten kann sie zum Erfolgszeichen des Unternehmens werden. Der Kunde verbindet mit ihrem wiederkehrenden Einsatz Bekanntheit, Identifikation und Qualität – sowohl des Produktes, der ausgefallenen Immobilienentwicklung, als auch des Unternehmens,

Unternehmens-
(Image)gewinn
als wirtschaftlicher
Mehrwert

Verkaufspreis leicht
erhöht

leicht reduzierte
Marketingkosten

leicht erhöhte
Herstellkosten

Grunderwerbskosten

Lebenswelten als langfristige,
ganzheitliche Unternehmensstrategie nehmen oftmals kurzfristige Mehrerstellungskosten
in Kauf. Sie schichten sie um
und gewichten sie als Imagegewinn für das Projekt und Unternehmen sowie »verrechnen«
sie mit sonstigen Marketingauf-
wendungen – und eingesparten
Finanzierungskosten.

das für dieses Produkt steht. Die Marke ist das sichtbare Zeichen einer Erfolgsstory. Branding, das heißt Markenbildung, wächst aus Angebots-nischen heraus, in denen heimliche oder bislang nicht bediente Kunden-wünsche erfüllt werden.

Es wird zur Frage der Unternehmensstrategie, auf welchem Stand wir unsere Projekte ansiedeln, wie aktuell wir sind und ob wir den Mut für den Schritt in die Zukunft aufbringen. Dies birgt freilich das Risiko von Fehleinschätzungen, aber auch ungeahnte Chancen.

Es ist für einen Projektentwickler nicht unsinnig, zugunsten einer aus-gefallenen, beflügelnden Idee einen Prozentpunkt zusätzlich zu inves-tieren, selbst wenn er diesen nicht gleich zurückerhält. Doch vielleicht kann er dadurch zügiger und sicherer verkaufen. Zumindest aber hat er zukunftsträchtige Pluspunkte bei seinen Kunden gesammelt. Und das sind nicht nur die Bewohner, sondern auch andere Auftraggeber: Kom-munen, Städte, private Grundstückseigentümer.

Ein solches Vorgehen kann unter Umständen sogar Kosten sparen, für das Projektmarketing ebenso wie für das Unternehmensmarketing. Denn wie seine Projekte wird auch der Unternehmer bekannt. Vielleicht erreicht er dadurch einen Imagegewinn für das gesamte Unternehmen und akquiriert dank der Qualitäten seiner Arbeit Folgeprojekte.

Vielfach lassen sich diese tatsächlichen Mehrkosten, eventuell sogar gepaart mit einem kleinen Mindergewinn, durch anderweitige Mehr-werte für das Unternehmen mehr als kompensieren. Der Kunde hinge-gen freut sich über zusätzlich gewonnene Qualitäten in einem überzeu-genden Preis-Leistungs-Verhältnis.

Diese Gedanken sind inzwischen in das Blickfeld von privaten und in-stitutionellen Investoren gerückt, vor allem als Reaktion auf die ökono-mischen Schwierigkeiten im Bereich Gewerbebauten, wie bei Büro- und Verwaltungsbauten in den vergangenen Jahren. Vor nicht allzu langer Zeit wurde der Wohnungsbau wieder als Alternative zu den Gewerbe-immobilien in den Portfolios großer Investmentunternehmen entdeckt; zunächst beschränkt auf die sehr kostengünstigen Gebrauchtwoh-nungen unterschiedlichster Wohnungsgenossenschaften oder anderer Bestandshalter. Erst seit Kurzem fällt der Blick auch auf die qualität-vollen innerstädtischen Neubauwohnungen, die sich als wertbestän-dige Beimischung zu den übrigen Immobilien- und Vermögensklassen erwiesen haben.

Diese neue Sicht der Investoren ist auch den Projektentwicklern nicht verborgen geblieben. Komplexe wertsteigernde Konzepte wie in den Wohnwelten-Projekten werden von den institutionellen Anlegern gut akzeptiert. Hier sind insbesondere Versicherungen zu nennen, da sie sich ohne bankengebundenes Fremdkapital langfristig orientieren und neben der Mietsicherheit auf eine Wertsteigerung dieser Qualitätsim-mobilie setzen. Diese Strategie ist ein zunehmend gewichtiger Grund für den Entwickler, sich ernsthaft mit dem komplexen Wohnwelt-Modell auseinanderzusetzen.

5.3
Werte mit Bestand: Chancen für Kapitalanleger und Investoren

Längst ist der Wohnungsbau von den institutionellen Investoren als Alternative zum Engagement im Gewerbebau entdeckt worden. Dabei flaut die erste Welle der großen Verkäufe von Wohnungsbeständen bereits wieder ab, bei der Wohnungen in einem offenen Mix aus attraktiven und schwachen Lagen, mit sehr heterogenen sozialen Strukturen und unterschiedlichen Bauzuständen in großen Mengen verkauft und gekauft wurden. Erst die Zukunft wird beweisen, ob die noch nicht überschaubare Rechnung aufgehen wird. Ihre Faktoren sind die wirtschaftliche Auskömmlichkeit angesichts des angestauten Instandsetzungsbedarfs, die Instandhaltung der teilweise sehr vernachlässigten Altbauten, der Ausgleich der sozialen Schieflagen in Siedlungen und nicht zuletzt die tatsächliche Umsetzung der angepeilten Verkäuflichkeit aller Wohnungen und damit die Vermeidung von eingestreuten Leerständen sowie die Skaleneffekte bei der Wohnungsverwaltung.

Bei den jüngsten Transaktionen dieser Art muss sich erst noch herausstellen, ob die Verdoppelung und Vervielfachung der Einkaufspreise durch Einzelverkäufe insbesondere durch ausländische Großinvestoren ihre nachhaltige Berechtigung haben.

Als Alternative rückt zunehmend die qualitativ höherwertige Wohnimmobilie in den Fokus, auch hier zunächst als kostengünstigere Gebrauchtimmobilie in zukunftssicheren Stadtlagen. Zudem bewegen sich die Paketverkäufe in überblickbareren Dimensionen: Investoren wollen genauer wissen, was sie kaufen und sehen nicht mehr nur allein den vermeintlich günstigen Einstiegspreis.

Die Erfahrung der vergangenen fünf bis zehn Jahre mit dem wirtschaftlichen Auf und Ab unterschiedlicher gewerblicher Projekte sowie den Leerständen vieler Büro- und Verwaltungsgebäude haben das Augenmerk vieler institutioneller Investoren mit ihrem Anlagedruck auf die Neubau-Immobilie gelenkt. Denn die Renditen aller Immobilienkategorien sind in diesem Zeitraum allgemein eher rückläufig gewesen und lassen damit die niedrigeren, aber sichereren Wohnungsbaurenditen wieder attraktiver erscheinen. Endverbraucher, also Mieter, Bewohner, Unternehmen und Pächter, sind nicht mehr bereit, die hohen Mieten zu zahlen: Es beginnt ein Umdenken bei den Investoren.

Heute steht nicht mehr allein die höhere Anfangsrendite – nach Möglichkeit über sieben Prozent – im Vordergrund, sondern die langfristige Sicherheit realistisch zu erzielender Mieten. Die qualifizierte Wohnimmobilie als zukunftssichere Beimischung breit gefächerter Portfolios erlebt eine Renaissance. Dabei gilt: Je weniger Verwaltungsaufwand, je sicherer eine zu erwartende langfristige Vermietung, desto beliebter wird diese Immobilienart. Von eher größeren Wohnungen mit eventuell etwas niedrigeren Mietansätzen wird eine geringere Fluktuation und damit auch geringere Abnutzung der Immobilie erwartet als von den monofunktional ausgerichteten Studentenheimen mit relativ höheren Mieten, aber deutlich größerem Verwaltungs- und Instandhaltungsaufwand.

Professor Matthias Thomas konnte mit seinem 1998 ins Leben gerufenen Immobilienindex aufzeigen, dass die Wohnimmobilie in der langjährigen Betrachtung und im gesamten Vergleich unterschiedlicher Immobilienarten sowie aller ihrer renditerelevanten Faktoren einen sehr guten, bisweilen sogar den besten Rang vorweisen konnte. Wenngleich einzelne Projekte im gewerblichen Bereich, seien es Handelsimmobilien, erfolgreiche Büroprojekte oder gar Spezialimmobilien wie Hotels oder Seniorenanlagen, deutlich höhere Einzelergebnisse hervorbringen können als die Wohnimmobilie, so sind sie doch zumeist mit spürbar

höheren Risiken wie teilweisem oder völligem Leerstand behaftet oder unterliegen einer schnelleren Alterung.

Der Renditevergleich der letzten zehn Jahre unterschiedlicher Immobilienklassen – im Rahmen des Deutschen Immobilien Index DIX bescheinigt der Wohnimmobilie eine hohe Wertsicherheit und Vergleichsrendite (nach Matthias Thomas).

Teilmärkte im Vergleich – Renditen (Total Return)
1996–2006

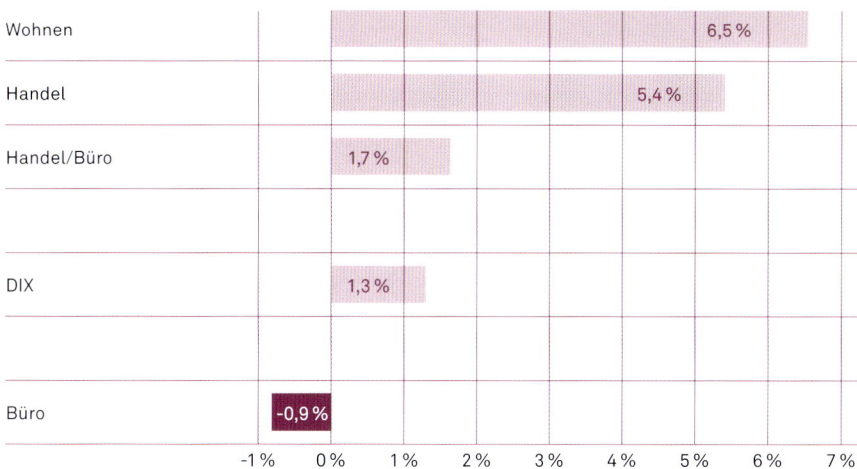

Insofern ist die Erkenntnis gereift, dass der Wohnungsbau mit seiner Kleinteiligkeit eine sinnvolle Beimischung umfassender Immobilien-Portfolios bedeuten kann. Die Mühsal der Vermietung und Instandhaltung sollte dabei auf professionelle Verwalter übertragen werden.

Hinzu kommt, dass die Qualitäten komplexerer Projektentwicklungen für unterschiedlichste Zielgruppen als werterhaltender oder sogar als wertsteigender Faktor verstanden werden – und dies gleich in mehrfacher Form. Umfangreichere Angebote bieten den Bewohnern eine höhere Identifikation mit ihrer Wohnbebauung und verstärken damit die Bindung an das Objekt. Der Mieterwechsel wird mit 3.000–5.000 € reduziert, gleichzeitig werden auch die damit verbundenen Ausfälle und Aufwendungen für den Vermieter verringert. Empfindet der Mieter seine durchaus beträchtliche Miethöhe als angemessen und gerecht, wird er auf die Annehmlichkeiten dieser Wohnbebauung nicht mehr verzichten wollen, denn er findet sie andernorts nicht so ohne Weiteres.

Die Vielfalt unterschiedlichster Wohnangebote durch differenzierte Grundrisse, von der Galeriewohnung über das Mikro-Flat bis zum hochattraktiven Penthouse, zieht die unterschiedlichsten Personenkreise an. Sind Altenwohnungen in die größere Bebauung vereinzelt eingestreut, eventuell in Form kleinerer, sozialverträglicher Wohngemeinschaften, eröffnen sich dank dieses durchmischten Angebots zusätzliche Vermietungswege mit attraktiven Mieteinnahmen für einen beständigen, eher wechselunfreudigen Bewohnerkreis.

Die Entwicklung von Lebenswelten erfordern kurzfristig unternehmerisches Risiko, bergen auf lange Sicht jedoch einen Gewinn für alle Beteiligten.

Die besondere Konstellation der Wohnwelt, also ihre ausgefallene Konzeption und das gelungene Zusammenfügen der Wohnwelt-Bausteine zu einer neuen Ganzheit, zeichnet den Standort aus und lässt den ideellen wie auch wirtschaftlichen Wert dieser Bebauung steigen.

Dabei lassen detaillierte Absprachen zwischen Investoren und dem Developer bereits während der Projektentwicklung oder sogar vor dem Grundstückskauf noch beträchtliche Optimierungsmöglichkeiten für das wirtschaftliche Ergebnis zu. Sie setzen hohe Professionalität auf beiden Seiten voraus, gepaart mit einem sehr weitreichenden, wechselseitigen Vertrauen. Denn aufgrund der spezifischen Anlagekriterien eines jeden Großinvestors und seiner unternehmenseigenen Besonderheiten, wie beispielsweise Finanzierung und Fälligkeiten, aktuellem Vertrieb und späterer Vermarktung, Verwaltung und Instandhaltung, sind es vor allem Details, die über das Gesamtergebnis entscheiden.

Zunehmend gehen daher auch die institutionellen Anleger kreativere Wege, von denen sie sich mit ihren langfristigen Betrachtungsperspektiven aussichtsreichere Ergebnisse erwarten. Die größeren, ganzheitlich geplanten Quartiere und Nachbarschaften versprechen mit ihrem differenzierten und qualitätvollen Leistungsangebot eine langfristig gesicherte Bindung der Bewohner.

Für den Kapitalanleger einzelner Wohnungen mögen andere Kriterien im Vordergrund stehen, doch sie vertragen sich mit den Erwartungen der institutionellen Investoren zumeist sehr gut. Gerade beim Einzelanleger vermischen sich sehr oft wirtschaftliche und emotionale Entscheidungsfaktoren. Denn er fragt sich durchaus, wie ihm die Immobilie persönlich gefällt und ob er sich vorstellen könnte, später selbst hier zu wohnen. Dieses Kriterium gewinnt insbesondere bei Wohnbebauungen mit offenen Servicekomponenten an Bedeutung. Eine gewisse Rolle spielt auch die Frage nach der Altersvorsorge, nicht allein wirtschaftlicher Art, sondern auch im Hinblick auf den persönlichen Geschmack, wenn es um die Sicherung einer Immobilienlage oder eines bestimmten Wohnkonzepts geht. Ein solcher Kapitalanleger wäre gut beraten, wenn er wüsste, welcher Geist, welche Seele in dieser Bebauung vorherrscht, wie die Menschen miteinander umgehen, wie viel sie miteinander verbindet oder was sie voneinander trennt. Denn davon hängt eine Menge seiner zukünftigen Zufriedenheit ab, als Bewohner wie auch als Kapitalanleger.

Wohnimmobilien haben sich in den vergangenen Jahren zu einer attraktiven Anlagemöglichkeit mit langsam wachsenden, sehr stabilen Renditen entwickelt.

6

Lebenswelten als Unternehmensstrategie: Ein Credo

Marketing im Sinne einer marktorientierten Unternehmensführung kennzeichnet die Ausrichtung aller relevanten Unternehmensaktivitäten auf die Wünsche und Bedürfnisse von Anspruchsgruppen.

Wir sind am Ende eines komplexen Prozesses der Projektentwicklung angekommen, eingebettet in eine spezifische Unternehmensphilosophie und eine unternehmerische Denkhaltung. Beide bauen aufeinander auf und können nicht voneinander getrennt werden. Ganzheitliche Projektentwicklung meint die marktorientierte Verwirklichung von Unternehmenszielen und Unternehmensgrundsätzen, an denen sich das gesamte Unternehmen im Hinblick auf den Markt ausrichtet. Am Ende dieses Prozesses steht das Branding, die Einführung der Marke am Markt, als eine der wichtigsten Maßnahmen des Marketings und der Unternehmensführung überhaupt.

Auf jedes bekannte Produkt wird heute ein Markenzeichen angebracht. Man erkennt einen BMW oder Mercedes bereits aus der Entfernung am markentypischen Styling. Letzteres steht für bestimmte, unternehmenstypische Qualitäten und entsprechende Kundenwünsche. Marken zählen heute in vielen Unternehmen zum wertvollsten Kapital überhaupt. Sie entscheiden zunehmend über den Markterfolg. Marken tragen zum Unternehmenswert, zur Gewinnsteigerung und zur Planungssicherheit bei. Sie erhöhen die Orientierungs- und Informationsfunktion, sie stehen für Leistungsqualität und vermitteln dem Kunden Sicherheit. Dies ist vor allem für Produkte wichtig, deren Qualitäten sich im Voraus nicht überprüfen lassen, die also in hohem Maß auf Vertrauen angewiesen sind.

Eine solche Markenbildung ist im Bereich des Wohnens noch nicht üblich. Doch es gibt schon einige wenige Wohnungsbau-Unternehmen, die ihr Firmenlogo an die Häuser anbringen lassen und damit bestimmte Assoziationen von Qualität mit ihren Bauten wecken. Gerade für Projektentwickler kann es interessant sein, wenn potenzielle Kunden ihre Projekte wiedererkennen können. Es lohnt sich, eine Marke, für die ein Unternehmen steht, rechtlich schützen zu lassen. Wohnwelten oder Lebenswelten können eine solche Marke sein.

»Marketing im Sinne einer marktorientierten Unternehmensführung kennzeichnet die Ausrichtung aller relevanten Unternehmensaktivitäten auf die Wünsche und Bedürfnisse von Anspruchsgruppen.«[12] Kristallisationspunkt eines solchen Marketingprozesses ist die erfolgreiche Marke. Sie steht im Mittelpunkt der Kundenwünsche und der kundenorientierten Angebote, der Zielsetzungen, Leitlinien und Grundwerte sowie der verschiedenen Leistungsbereiche eines Unternehmens.

12 Aus: Anleitung zum Selbermachen, Interview mit
    Charles Leadbeater, in: brand eins, 5/2007, S. 68.

213

Die Kundenwünsche werden dem Entwickler vom Markt vorgegeben. »Markt« wird hier verstanden als Sammelbecken der Kunden, also der Bewohner, Mieter und Käufer von Wohnungen. Die Produkte richten sich sehr genau nach zielgruppenspezifischen Anforderungen, Wünschen und Bedürfnissen aus wie zum Beispiel Komfort, Design, Service, Preis etc. Orientierung bieten hier Marktforschungen, Standortanalysen und Mikro-Umfeld-Research. Diese werden mit eigenen Beobachtungen und Einschätzungen verknüpft. Trendforscher werden nach den Entwicklungen der Zukunft gefragt, um künftige Kundenwünsche zu erahnen, vorwegzunehmen und zu initiieren.

Die Kundenwünsche werden durch Marktforschungen und eigene Einschätzungen abgefragt.

Den Kundenwünschen gegenüber steht das Unternehmen mit seinen Zielsetzungen, Leitlinien und Grundwerten. Sie bestimmen die Art und Weise, in der Kundenwünsche aufgenommen werden und ob diese zum Ausgangspunkt der Unternehmensstrategie erhoben werden. Neben der überlebensnotwendigen Wirtschaftlichkeit kann es auch andere, für alle Unternehmensmitglieder verbindliche Grundwerte wie beispielsweise Ökologie, Design, soziales oder künstlerisches Engagement geben, die Einfluss auf die Unternehmensstrategie haben.

Die dominante Reduzierung eines Bauträgerunternehmens auf die vermeintlich ökonomischste, das heißt kurzfristig kostengünstigste Ausführung führt zu anderen gebauten Ergebnissen als die Integration anderer Aspekte wie zum Beispiel ökologisches Verantwortungsgefühl. Umgekehrt kennen wir die zahlreichen, sehr auf Gestaltung konzentrierten Architekturbüros, deren designorientierte Einseitigkeit oftmals eher der Eigendarstellung dient als den Vorstellungen ihrer Kunden entspricht. Ist die Zielsetzung auf Marktführerschaft auf ein Produkt oder auf eine Region ausgerichtet, so sollte die soziale und ökologische Verantwortung nicht etwa auf der Strecke bleiben, sondern aus unternehmerischer Überzeugung in den Dienst dieses langfristigen Zieles gestellt werden.

Die Unternehmensgrundwerte
und -zielsetzungen entscheiden darüber, wie und welche
Produkte entwickelt werden.

Sind die Kundenwünsche definiert und hat das Unternehmen darauf
aufbauend eine stringente Zielausrichtung mit kommunizierten Leitlinien und Grundwerten formuliert, so kann es mithilfe von Lebenswelt-
Bausteinen seine Kundenangebote kreieren. Für die Wohnwelten haben
wir die Wohnwelt-Bausteine, den Hintergrund für ihre Auswahl und die
Projektergebnisse bei ihrer Zusammensetzung hinreichend nachvollzogen. Es bleibt dem Know-how, der Kreativität des jeweiligen Unternehmens und dem Mut seines Unternehmers überlassen, hieraus ein
eigenständiges Produkt zu schaffen, das die Kundenwünsche erfüllt
oder sogar durch ausgefallene, innovative oder unerwartete Merkmale
zusätzliche Neugier und außergewöhnliches Interesse weckt.

Während die Marktanalyse
Kundenwünsche formu-
liert, bildet die Auswahl der
Lebenswelt-Bausteine und ihre
spezifische Zusammensetzung
zu einem Wohnwelt-Konzept
die wichtigste unternehmerische Entscheidung: Der
»kreative Sprung« innerhalb
der Produktentwicklung des
Unternehmens!

So bleibt schließlich die realisierende Seite, also die verschiedenen, aber im Hinblick auf das konkrete Produkt zusammenspielenden Leistungsbereiche des Unternehmens, die gleichwohl unter dem gemeinsamen Dach der Unternehmensphilosophie agieren.

Dies ist eine äußerst anspruchsvolle Herangehensweise. Alle beteiligten Unternehmens- und Projektentwicklungsbereiche müssen genauestens aufeinander abgestimmt sein und sich als eine Einheit gegenüber dem Kunden präsentieren. Nur so kann es gelingen, dem offensichtlich latenten Misstrauen vieler Immobilienkäufer entgegenzuwirken: Die Planung muss wissen, welche Anforderungen die Verwaltung später gegenüber den Kunden, den Bewohnern zu berücksichtigen hat. Der Vertrieb darf nur versprechen, was auch wirklich realisiert wird. Eine offensichtliche Unzulänglichkeit in einem Bereich beeinträchtigt die Akzeptanz in allen übrigen Unternehmensbereichen; wenn ein Baustein der Wohnwelten falsch oder suboptimal eingesetzt wird, ist die Akzeptanz der gesamten Wohnwelt beim Kunden, dem Bewohner, gefährdet.

Kleinere Lücken und Mängel in der Prozesskette des Gesamtunternehmens werden schnell zum Anlass von Unzufriedenheit und Misstrauen auf Kundenseite. Die beste Architektur verblasst, wenn gelegentliche Mängel nicht zeitnah und verlässlich beseitigt werden; alle Kunst am Bau hilft nichts, wenn die offene und umfassende Kommunikation von Bauträger, Verwaltung und Bauausführenden in kritischen Situationen nicht gepflegt wird. Die bestgemeinten Ideen und Gestaltungsangebote nutzen als Lebenswelt-Bausteine wenig, wenn die direkten Kundenbeziehungen nicht optimal funktionieren. Dieses Verständnis einer ganzheitlichen und umfassenden Unternehmensstrategie muss von allen Mitarbeitern und angeschlossenen Unternehmenspartnern akzeptiert und konsequent umgesetzt werden. Dies gilt ebenso für die externen Geschäftspartner. Die Zusammenarbeit mit ihnen muss auf diesen verbindlichen Grundlagen aufbauen, eine entsprechende Unterweisung oder Schulung in dieser Hinsicht ist unerlässlich. Die Auswahl der geeigneten Partner im Hinblick auf die gemeinsame Unternehmenskultur bei gleichzeitiger Einhaltung der notwendigen Wirtschaftlichkeit ist eine höchst anspruchsvolle Aufgabe der Unternehmensführung. Sie aber bestimmt maßgeblich über Erfolg oder Misserfolg einer ganzheitlichen Unternehmensentwicklung.

Alle Unternehmensbereiche müssen auf eine solche Strategie ausgerichtet sein. Sie müssen im Sinne dieses übergeordneten Ziels zusammenspielen und dürfen sich nicht als unabhängige Profitcenter mit teilweise unterschiedlichen Ausrichtungen begreifen, deren Streuverluste das gemeinsame Ziel untergraben könnten. Sie müssen auf einer verbindlichen Unternehmensphilosophie, also den unternehmerischen Grundwerten, beruhen und in einer von allen gelebten, vertraglich fixierten Unternehmenskultur nach außen und innen spürbar verwirklicht werden. Ein Unterbruch in der Prozesskette des Unternehmens oder eine nicht optimierte Schnittstelle zwischen Leistungsbereichen mindert die Zufriedenheit der Kunden mit dem Unternehmen sofort. In der Umkehrung bedeutet dies jedoch, dass hier eine Chance für die umfassende Kundenbetreuung mit langfristigem Horizont aufgebaut wird. Heute ist eine gute Qualität der Produkte im Wettbewerb bereits eine Selbstverständlichkeit. Eine langfristige Begleitung der Kunden sowie ein optimiertes Kundenbeziehungsmanagement können ebenso darüber hinausführen wie überraschende Kreativität bei der Produktentwicklung, die letztlich in der Etablierung einer Marke gipfelt.

Die verschiedenen Leistungsbereiche des Unternehmens
und ihr perfektioniertes
Zusammenspiel müssen auf
das übergeordnete Unterneh-
mensziel als oberste Priorität
in gleicher Weise gerichtet sein.
Eine Schwachstelle in ihrer
Prozesskette gefährdet das
gesamte Ziel und den Unter-
nehmenserfolg.

Wir haben mit diesem vollständigen Bild eine anspruchsvolle Unternehmensstrategie für den qualifizierten Wohnungsbau entwickelt. Im Mittelpunkt steht das Produkt – die Wohnung, das Ensemble oder Quartier.
Es ist das zusammengesetzte Ergebnis aus vier Faktoren: den Kundenwünschen und dem entsprechenden Angebot sowie den Unternehmens-
leitlinien und ihrer konkreten Umsetzung durch die jeweils vorhandenen
Leistungsbereiche im Unternehmen. Mit seinen Qualitäten hat das
Ergebnis die Chance, sich erfolgreich am Markt durchzusetzen und sich
zur Marke zu entwickeln. Eine im Sinne der Lebenswelt-Konzeption
verstandene und wirklich gelebte Unternehmensstrategie führt nahezu
zwangsläufig zu einem authentischen Marketing. Glaubwürdigkeit und
Vertrauen bilden sein Fundament. Denn es fließen nur solche Elemente
als Teil der »Story« in die Projektentwicklung ein, die auch realisiert
werden.

Aus dem gekonnten Zusam-
menspiel dieser vier Kräfte
entwickelt sich das erfolgreiche
Produkt. Ein hohes Ziel wird
erreicht, wenn sich das Produkt
durch andauernden Erfolg und
Attraktivität zu einer bekannten
Marke ausbauen lässt.

Kundenangebote

Genius Loci

Städtebau
Architektur

Landschaft

Kunst/Licht

Unternehmensziele

...

Fairness

Wirtschaftlichkeit

Architektur

...

Ökologie

Innovation

...

Sozialität

...

Kundenangebote

Architektur-
büro

Wohnen

Gewerbe

CRM

Planung

Baurealisation

Soziale Betreuung

Vertragswesen

Lebensstile
Wohnformen

Soziale Netzwerke

Verwaltung

Ökologie

Ökonomie und
Werthaltigkeit

Seele

...

Kommunikation

Verwaltung

Service

F & E

Kundenwünsche

Preis

Komfort

Gesundheit

Identifikation/
USP

...

Service

...

Kommuni-
kation

Design

Eine solchermaßen gelebte Unternehmenskultur schafft wechselseitiges Vertrauen bei Kunden, Unternehmen, Kommunen und Städten, sie fördert die Zusammenarbeit durch verbesserte Berechenbarkeit und sorgt ganz nebenbei für Marketing in eigener Sache, indem zufriedene Kunden das Produkt oder Unternehmen weiterempfehlen. Aus Unternehmersicht liegen viele Vorteile bei dieser ganzheitlichen Unternehmensstrategie mit einer ausgeprägten Produkt- und Unternehmensmarke auf der Hand:

1.

Es werden »Kunden auf Dauer« mit einer hohen Loyalität gewonnen. Sie agieren als Empfehlungs- und Wiederholungskunden.

2.

Überzeugende Wohnwelt-Konzepte bringen als Zeichen einer ausgewiesenen Kompetenz einen erheblichen Imagegewinn für das Unternehmen. Konsequent umgesetzt, erwachsen daraus langfristig Wettbewerbsvorteile gegenüber der Konkurrenz. Es sind Mehrwerte, die für den Kunden wahrnehmbar und greifbar sind, die er spüren und nachempfinden kann. Derart authentisches Marketing wird damit zu einem in sich geschlossenen Gesamtkonzept der Unternehmensstrategie. Projektmarketing avanciert auf diese Weise zum Unternehmensmarketing.

3.

Ganzheitliche Wohnwelt-Angebote öffnen bei Ämtern, Kommunen, Genehmigungsbehörden viele Türen. Sie erleichtern die Grundstücksbeschaffung erheblich und erschließen neue Akquisitionswege. So wird damit ein Teil anderweitiger Vermittlungskosten eingespart.

4.

Diese Strategie bedingt bisweilen Vor- und Zusatzleistungen. Nicht jeder Mehraufwand kann im Verkauf direkt wieder zurückgewonnen werden. Jedoch bietet sich als langfristiger Verrechnungsposten gegenüber diesem Mehraufwand eine gestiegene Verkaufssicherheit an, die auch schwierigere Zeiten überdauert.

5.

Durch die den Wohnwelten eigene große Diversifizierung bei Wohnungsgrundrissen und Wohnungstypen, Architekturen und Serviceangeboten, also den Wohnwelt-Bausteinen, kann die Umsatzgeschwindigkeit verbessert werden. Die Zwischenfinanzierungskosten sinken.

Dass bei dieser Unternehmensstrategie das Marketing gleichwohl mit den geeigneten Randmaßnahmen der Werbung, mit der Kommunikation und PR-Aktionen, Controlling und koordinierten Planungen abgestimmt sein muss, versteht sich von selbst.

Die Frage nach der Messbarkeit der Wohnwelt-Konzeptionierung ist indes nicht so einfach zu beantworten. Messbar sind in erster Linie klare Zahlen wie die Reduktion der Mängel, die Zahl der Umsätze, das erreichte wirtschaftliche Ergebnis. Weniger messbar sind die langfristige Zufriedenheit der Kunden (indirekt erfassbar über Empfehlungskunden) und die Zufriedenheit des Entwicklers mit seinem Werk: Hier mischen sich subjektive und objektive Zufriedenheit, also Größen, die nur schwer quantifizierbar sind. Der Bewohner misst die Zufriedenheit mit seiner Wohnwelt an seinem guten Wohngefühl. Der Unternehmer gewichtet den Erfolg seiner Wohnwelt-Entwicklungen an der Erfüllung seiner persönlichen Grundwerte und Überzeugungen, wenngleich auch das wirtschaftliche Ergebnis Bestand haben muss.

Wohnwelten sind Produkte, die sich in ihrer Komplexität erst durch das Zusammenfügen und Verschmelzen der unterschiedlichsten Bausteine zu neuen Ganzheiten verbinden, zu Unikaten, an die vor dem kreativen Prozess noch keiner gedacht hat. Es sind der freie Umgang mit den unterschiedlichsten Ideen, Gewohnheiten und unkonventionellsten Vorstellungen sowie die Offenheit gegenüber verschiedensten Beteiligten, die neue, unvorhergesehene Kreativität freisetzen und ermöglichen.

Kreativität ist weniger auf den einzelnen Beitrag als vielmehr auf ein Netzwerk der Ideen und der breit gefächerten Beteiligten angewiesen. Dazu gehört auch die Fähigkeit, dieses Netzwerk zu lenken, zu steuern, zu leiten und seine vielschichtigen Facetten zu einer Einheit zusammenzusetzen. Die gleichzeitige Einbindung unterschiedlicher Architekten in ein größeres Projekt setzt ein Kreativitätspotenzial frei, wie es aus einem einzigen Planungsbüro heraus kaum zu erwarten ist. Erweitert um Vertreter ganz anderer Disziplinen, wie Künstler, Bildhauer, Licht-Designer, Soziologen sowie Ökonomen und Juristen, lässt sich dieses Potenzial noch in ungeahnter Weise vervielfachen – jedoch nur, solange es von kreativer Hand mit Offenheit und Führungsqualität gesteuert wird.

Neue Ideen brauchen den Mut, sich auf ein jeweils neues, nicht vorhersehbares Abenteuer des Ungewissen einzulassen – und die Stärke, daran festzuhalten, auch wenn der schnelle Erfolg zunächst ausbleibt.[13] Mut und Kreativität sind jedoch nicht zu verwechseln mit Leichtsinn oder Spinnerei. Immer gehören zu solchen Wagnissen grundsolides Fachwissen, Fleiß, Ausdauer, Beständigkeit sowie wirtschaftliches Durchhaltevermögen, Perfektion und Professionalität. Doch jedes Mal muss sich ein Unternehmer ehrlich fragen, wie viel Wagnis er sich leisten kann und will. Ihm sollte immer die Möglichkeit bleiben, aus Fehleinschätzungen oder Misserfolg zu lernen. Nur mit dieser Erkenntnis gelangt man an neue Ziele. Mut und Kreativität sind erforderlich – in der Fortführung der eigenen Stärken und Tradition, denn »Tradition ist bewahrter Fortschritt, Fortschritt ist weitergeführte Tradition«. (Carl Friedrich von Weizsäcker) Dabei muss nicht alles neu erfunden werden; vielmehr beruht das Geheimnis des Erfolgs auf der kontinuierlichen Verbesserung des Bewährten.

Lebenswelt-Konzepte sind keine methodischen Kopiervorlagen, deren Anwendung immer Erfolg garantiert. Jeder Unternehmer muss seinen eigenen Weg suchen und sich für die richtigen Bausteine entscheiden. Die Lebenswelt-Konzeption gibt ihm ein Set von Bausteinen an die Hand, die er künstlerisch, ökonomisch, ökologisch, sozial und kreativ zu eigenständigen »Kunstwerken« zusammensetzen und verdichten kann. Lebenswelten mit ihrem individuellen und identitätsstiftenden Potenzial haben andere Qualitäten als Massenprodukte. Möglicherweise sind sie ihrer Zeit einen Schritt voraus.

»Es gibt Trendforscher, die behaupten, dass wir künftig mehr Märkte für Produkte mit einer sehr kleinen, aber loyalen Kundschaft haben werden – und nur noch einige wenige Produkte, die massenhaft Absatz finden.«[14]

13 Vgl. auch die umfassenden Ausführungen von
   Richard Florida: The Rise of the Creative Class, New York 2002.
14 Aus: Anleitung zum Selbermachen, Interview mit
   Charles Leadbeater, in: brand eins, 5/2007, Seite 68.

Ausblick

Die Anforderungen an Lebenswelten werden immer komplexer. Das Wissen und Erahnen zukünftiger Entwicklungen setzt zunehmend unternehmerischen Mut zum Wagnis voraus, damit neue kreative Produkte entstehen und angeboten werden können. Die Ausdifferenzierung der Sphäre des Wohnens erfordert eine immer breitere Palette von individuellen Lösungen und Angeboten, die den unterschiedlichsten Lebensformen, Lebensstilen und Lebensphasen entsprechen. Die Erwartungen an den Projektentwickler und den realisierenden Developer fächern sich weiter auf und werden zugleich immer größer. Als Unternehmer müssen sie sich diesem erweiterten Katalog von Erwartungen stellen. Es genügt nicht mehr, eine gute Planung zu machen, wenn die technische Realisierung mangelhaft ist. Es genügt nicht mehr, Standardgrundrisse zu entwickeln, wenn das Bauvorhaben eine größere Diversifikation verlangt. Es genügt nicht mehr, einen mängelfreien Bau zu übergeben, wenn die anschließende Verwaltung den Kunden nicht zufriedenstellt. Es genügt nicht mehr, ein perfektes Gebäude abzuliefern, wenn die Preise dafür zu hoch sind.

Der Kunde erwartet eine ganzheitliche Betreuung, die individuell auf seine Wünsche und Vorstellungen abgestimmt ist. Will der Projektentwickler darauf adäquat reagieren, muss er seine Dienstleistungspalette entsprechend erweitern und ausbauen; entweder im eigenen Unternehmen oder aber durch den Zusammenschluss mit strategischen Partnern. Der jeweilige Umfang hängt von seinem unternehmerischen Leistungsbild ab. Abhängig von der Projektgröße, wird auf Dauer das Größenwachstum seines Leistungsumfangs für seine strategische Entwicklung ausschlaggebend sein.

Doch je ausgefeilter die eigene Unternehmensphilosophie ist, desto schwieriger ist das Zusammengehen mit anderen Partnern. Unterschiedliche Unternehmensphilososphien, -kulturen und -strategien werden nicht im ersten Anlauf der Kooperation ersichtlich, sondern meist nach den ersten gemeinsamen Gehversuchen. Schnell erweisen sich derartige Unterschiede als kaum überwindbare Hürden. Gleichwohl werden strategische Allianzen zunehmend wichtiger, um die stetig komplexer werdenden Anforderungen abdecken zu können. Oder das Unternehmen muss diese Wachstumsprozesse aus sich heraus schaffen, um seine inhaltliche Unabhängigkeit bewahren zu können. Dies mag eine Frage der wirtschaftlichen Möglichkeiten sein, doch sie beruht nicht zuletzt auf dem Abwägen zwischen wirtschaftlicher Abhängigkeit gegenüber fremden Kapitalgebern und inhaltlicher Unabhängigkeit in einem ökonomisch kleineren Maßstab. Es zeigt sich, dass kleinere Unternehmen die kleinteiligere, sorgfältigere und fantasievollere Projektentwicklung beherrschen. Sie sind in der Lage, Nischen zu erobern und damit einen Wettbewerbsvorteil gegenüber den »Großen« zu behalten. Für Letztere bleiben sie als Kooperationspartner dadurch interessant.

Wohnwelten brauchen die Kreativität und Fantasie dieser kleineren Unternehmen, denn sie sind keine Massenprodukte. Sie entstehen mit dem Herzblut der engagierten Einzelunternehmer und empfehlen sich daher als die ideale Produktkategorie für mittelgroße Unternehmen.

Die Deutsche Bibliothek verzeichnet diese Publikation in der Deutschen Nationalbibliografie. Detaillierte bibliografische Daten sind im Internet über http://dnb.ddb.de abrufbar.

ISBN 978-3-938666-52-4

© 2008 by DOM publishers, Berlin
www.dom-publishers.com

Redaktion Heike Voßhenrich (Text/Bild), Jörg Küster (Bildrecherche)
Endredaktion Uta Keil
Lektorat Cornelia Dörries

Grafische Gestaltung Daniela Donadei
Druck SNP Leefung, Shenzhen

Abbildungsnachweis
Fotografien 28, 31, 32/33, 35, 38/39, 42, 89, 90, 135, 166, 181, 184, 206, 209, 212: DOM publishers Archiv | 6, 9, 34, 36, 37, 50 l., 55, 78–81, 86, 87, 91, 98, 99, 124, 126, 127, 133 o., 142 m., 147, 148/149, 151, 154, 155, 163 l.: Reiner Götzen | 45 o.: Hervé Champollion/akg-images | 47: mauritius images/Günter Rossenbach | 48/49, 51, 199: Stefan Müller | 50 r.: Michael Reisch | 58, 143: Reinhard Burg | 53, 59 l.: Jens Sonnenschein | 59 r., 103-105: Alexander Küpper, Melanie Peters | 84, 114, 116, 117, 119/120: Holger Knauf | 108, 110, 11 Siegfried Gragnato | 125: Marcus Schwier | 130, 131: Bernd Wunder | 134/135: Jan Pilarski | 137, 142 o./u.: Christoph Pforr | 139: Reiner Bergner | 158, 160–163 Hermann Wittekopf | 168, 171, 172/173: imagesource, family days/family generations | 176/177: imagesource, family days/family generations/ home spaces | 193: Eberhard Hoch | 197: Erik-Jan Ouwerkerk
Grafiken 19–21, 23–25, 41 o., 54, 61–67, 96, 122, 136 u., 140, 141, 146, 167: DOM publishers | 13, 15-17, 41 u., 75, 102, 132 r., 183, 188, 203, 207, 213-215, 217, 218/219: Reiner Götzen/DOM publishers | 57: Clemens Reißner | 70: Grafik De Boer | 133 m.: Reiner Götzen | 133 u. Lützow 7 | 169: marc eller architekten
Visualisierungen virtuell FORMAT Korczowski

DOM
publishers